BIBLIOTHÈQUE NATIONALE

—

FONTENELLE

—

ENTRETIENS

SUR LA

PLURALITÉ DES MONDES

PARIS

Librairie de la BIBLIOTHÈQUE NATIONALE

L. PFLUGER, Éditeur

Passage Montesquieu, 5, rue Montesquieu

PRÈS LE PALAIS-ROYAL

Le Volume broché, 25 c. Franco partout, 35 c.

CHEZ TOUS LES LIBRAIRES

Et dans les Gares de Chemins de Fer

Bibliothèque Nationale. — Volumes à 25 c.
CATALOGUE AU 1er JANVIER 1885

BIBLIOTHÈQUE NATIONALE

COLLECTION DES MEILLEURS AUTEURS ANCIENS ET MODERNES

ENTRETIENS

SUR LA

PLURALITÉ DES MONDES

PAR

FONTENELLE

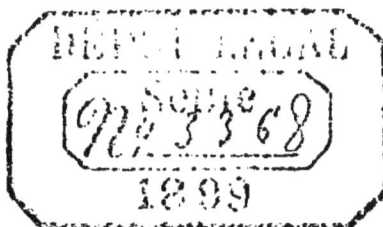

PARIS

LIBRAIRIE DE LA BIBLIOTHÈQUE NATIONALE

PASSAGE MONTESQUIEU (RUE MONTESQUIEU

Près le Palais-Royal

1899

Il est, dans le monde littéraire, des myria-
des de figures à demi effacées et sans carac-
téristique qui leur soit spécialement applica-
ble; elles traversent le courant des idées de
leur siècle sans y prendre cette part d'action
qui dépose sur le front des penseurs cette
empreinte significative à laquelle on doit la
possibilité de distinguer ces derniers de la
tourbe des discoureurs et des beaux-esprits
comme il s'en produit trop aux jours des dé-
cadences, de ces phalènes dont le souvenir
va s'amoindrissant d'heure en heure, jusqu'à
ce qu'on n'en trouve plus de vestiges que dans
les catacombes bibliographiques. Au nombre
de ces grands hommes d'un moment, que les
blandices intéressées de contemporains com-
plaisants ont hissés sur le pavois de la renommée, Fontenelle se distingue entre tous par
une valeur réelle, malheureusement éparpil-
lée entre tant d'objets différents, qu'il est
aujourd'hui très difficile de lui faire au juste
la part qu'il mérite. Assez heureux ou
assez malheureux pour avoir vécu un siècle tout entier, il a, comme la plupart des
écrivains de son époque, touché à peu près
à toutes les branches des connaissances hu-
maines, — effleurant d'un pied léger les

grandes vérités ou les grands paradoxes philosophiques, les questions scientifiques, les éloges académiques, le théâtre, la poésie, le roman, les fantaisies un peu mièvres qu'il appela ses *Dialogues des Morts*; — se passionnant le moins possible, par suite d'un tempérament sagement ordonné; — incrédule par suite de ses relations sociales; — égoïste par système; — prudent jusqu'à la peur de lâcher les vérités qu'il retenait dans ses mains volontairement fermées, — tel est l'homme dont nous publions une fois de plus le seul ouvrage qui puisse encore rendre quelques services à la génération présente.

De nos jours, on parle beaucoup de vulgarisation de la science, et les vulgarisateurs se signalent malheureusement par une déplorable stérilité dans l'art de distribuer par petites bouchées à la foule la dose de science que son ignorance ou son incuriosité naturelle peut supporter sans oscitation. D'où vient la pauvreté des résultats mise en regard de progrès réels accomplis dans le domaine de la science moderne? Tout simplement de l'orgueil béat de ces savants échappés d'hier des bancs de l'école, le cerveau bourré de formules algébriques, de termes abstraits, de théories préconçues qui se brisent contre l'écueil de la pratique, et qui ne savent transmettre aux néophytes la science aride qui leur a été infusée dans les veines qu'à travers le fatras séculaire des démonstrations incompréhensibles. A des esprits avides de savoir, il faudrait rendre la science agréable et intelligible; pour ceux auxquels ou la demande à genoux,

Il semblerait vraiment qu'il s'agit de fabriquer l'or potable, un rêve d'alchimiste en délire.

Ainsi donc, point d'initiateurs. Force est aux générations nouvelles de chercher dans l'arsenal du passé les armes qui doivent les aider à désobstruer les broussailles de l'ignorance qu'elles veulent, avec une louable ardeur, voir disparaître à jamais. Or, s'il est une partie de la science qui a toujours offert un merveilleux attrait, c'est sans contredit la science des astres, que le plus grossier *pastour* des Pyrénées connaît mieux que tous les membres réunis de tous les observatoires de ce monde sublunaire. Du pastour à l'artisan de nos villes, sous ce rapport, la distance est énorme; ce n'est cependant pas, pour ce dernier, faute de vouloir connaître; mais personne ne l'aide à débrouiller le chaos de ses idées sur l'équilibre des mondes, sur la manière dont se gouvernent les planètes, sur les attrayants phénomènes qui, bien que placés dans d'inaccessibles régions, peuvent être perçus par les sens humains.

C'est pour répondre à ce besoin de science que nous prenons le parti de rééditer les *Entretiens sur la pluralité des mondes*, que les dogmatistes gourmés dédaignent et déclarent *vieillis*, ou qu'ils affectent de traiter de puéril badinage, parce qu'ils ne savent point trouver en eux-mêmes les moyens de réaliser une pareille bonne fortune.

Nous n'hésitons pas, du reste, en ce qui nous concerne, à faire bon marché de l'ensemble du bagage littéraire tout entier de Bernard Le

Bovier ou Le Bouyer de Fontenelle. Mais comme il n'entre pas dans notre plan de discuter le plus ou moins de mérite des onze volumes de ses œuvres publiés un an après sa mort, nous nous bornerons à en énumérer les titres, avec le rapide aperçu biographique suffisant à marquer les étapes de cette existence de centenaire; le tout pour donner satisfaction, quand l'espace nous le permettra, non pas à ceux qui voudraient savoir comment toussent et crachent les grands hommes, mais aux bienveillants lecteurs qui ont réclamé de nous cet appendice, dont la seule utilité consiste à fixer des dates et des faits dans la mémoire.

Né à Rouen le 11 février 1657, mort à Paris le 9 janvier 1757, Fontenelle, neveu de Corneille, après de brillantes études au collège de sa ville natale, fut destiné au barreau par son père; il perdit la première cause qu'il plaida, et ne tarda point à renoncer à l'art oratoire pour se livrer à l'étude des lettres et des sciences. Après avoir débuté par l'inévitable concours académique, qui ne lui apporta pas de nombreuses couronnes, en raison de la faiblesse des efforts de sa muse, qui n'alla jamais plus haut que les petits vers insérés dans le *Mercure*, les sonnets, les pastorales, la malheureuse tragédie d'*Aspar* (1680), et le libretto (dans ce temps-là on disait *poëme*) de *Thétis et Pelée*, il aborda le roman qui ne lui fut pas très favorable. *Les Lettres du chevalier d'Herv*'''furent si mal accueillies du public, que l'auteur n'osa jamais ni les avouer ni les désavouer. Ses *Dialogues des Morts* commencèrent sa réputation, bien qu'ils nous paraissent aujourd'hui singulièrement surfaits. C'était de la philosophie terre à terre qui pouvait suffire au gros des lecteurs ; mais l'auteur se prenait si peu au sérieux qu'il a lui-même persiflé son livre dans son *Jugement de Pluton*, avec une adresse et un esprit tout français. En 1686, il publia les *Entretiens sur la pluralité des mondes*, une production véritablement originale et qui n'a jamais été égalée. L'*Histoire des oracles*, dont il avait emprunté le plan au médecin hollandais Van Dale, élaguée de ses longueurs, pourrait encore offrir un certain attrait aux lecteurs modernes. Les titres de Fontenelle à la renommée s'augmentaient donc de jour en jour, sans que l'Académie française voulût lui ouvrir ses portes, auxquelles il frappa quatre fois sans succès jusqu'en 1691. Il bâtit peu à peu son édifice scientifique, entra en 1697 à l'Académie des sciences, dont il fut le secrétaire de 1699 à 1737. Il publia la *Géométrie de l'Infini*, une préface de l'analyse des infiniment petits, et l'*Histoire de l'Académie des sciences*, qui renferme les éloges des savants de son temps ; ces éloges, qui ont survécu à ces oubliés de la gloire, ne sont pas un des moindres mérites de Fontenelle. On a de lui une *Histoire du Théâtre-Français jusqu'à Corneille*, un *Discours sur la patience*, un *Traité du bonheur*, *De l'origine des Fables*, *Réflexions sur la poétique* ; il a laissé un projet de traité de l'esprit humain, Il traversa sa longue carrière sans orages autres que l'innocente querelle des anciens et des modernes, dans laquelle sa liaison avec Lamothe lui fit prendre parti pour les modernes. De cette lutte sans danger, nous avons eu de nos jours la contre-partie : les classiques et les romantiques, puis les fantaisistes et les réalistes sont venus successivement se mesurer dans l'arène littéraire, sans laisser plus de traces que n'en ont su laisser les beaux esprits du grand siècle, les précieuses, les rhéteurs, les pédants et les faux poëtes. Trop heureux les écrivains de tous les étages si la Postérité daignait choisir dans leurs œuvres un opuscule, si mince fût-il, qui surnagerait dans le naufrage de leurs prétentieuses ou inutiles productions, comme le petit livre de la *Pluralité des mondes* a surnagé pour sauver dans l'avenir la réputation de son auteur !

N. DAVID

PREFACE

—

Je suis à peu près dans le même cas où se trouva Cicéron, lorsqu'il entreprit de mettre en sa langue des matières de philosophie qui, jusque-là, n'avaient été traitées qu'en grec. Il nous apprend qu'on disait que ses ouvrages seraient fort inutiles, parce que ceux qui aimaient la philosophie, s'étant bien donné la peine de la chercher dans les livres grecs, négligeraient après cela de la voir dans les livres latins, qui ne seraient pas originaux; et que ceux qui n'avaient pas de goût pour la philosophie ne se souciaient de la voir ni en latin ni en grec.

A cela il répond qu'il arriverait tout le contraire; que ceux qui n'étaient pas philosophes seraient tentés de le devenir, par la facilité de lire les livres latins; et que ceux qui l'étaient déjà par la lecture des livres grecs seraient bien aises de voir comment ces choses-là avaient été maniées en latin.

Cicéron avait raison de parler ainsi. L'excellence de son génie, et la grande réputation qu'il avait déjà acquise, lui garantissaient le succès de cette nouvelle sorte d'ouvrages qu'il donnait au public; mais moi, je suis bien éloigné d'avoir les mêmes sujets de confiance dans une entreprise presque pareille à la sienne. J'ai voulu traiter la philosophie d'une manière qui ne fût point philosophique; j'ai tâché de l'amener à un point où elle ne fût ni trop sèche pour les gens du monde, ni trop badine pour les savants. Mais si on me dit à peu près, comme à Cicéron, qu'un pareil ouvrage n'est propre ni aux savants, qui n'y peuvent rien apprendre, ni aux gens du monde, qui n'auront point d'envie d'y rien apprendre, je n'ai garde de répondre ce qu'il répondit. Il se peut bien faire qu'en cherchant un milieu où la philosophie convînt à tout le monde, j'en aie trouvé un où elle ne convienne à personne; les milieux sont trop difficiles à tenir, et je ne crois pas qu'il me prenne envie de me mettre une seconde fois dans la même peine.

Je dois avertir ceux qui liront ce livre, et qui ont quelque connaissance de la physique, que je n'ai point du tout prétendu les instruire, mais seulement les divertir, en leur présentant, d'une manière un peu plus agréa-

ble et plus égayée, ce qu'ils savent déjà plus
solidement. J'avertis ceux à qui ces matières
sont nouvelles que j'ai cru pouvoir les instruire et les divertir tout ensemble. Les premiers iront contre mon intention, s'ils cherchent ici de l'utilité ; et les seconds, s'ils n'y
cherchent que de l'agrément.

Je ne m'amuserai point à dire que j'ai choisi, dans toute la philosophie, la matière la
plus capable de piquer la curiosité. Il semble
que rien ne devrait nous intéresser davantage
que de savoir comment est fait ce monde que
nous habitons, s'il y a d'autres mondes semblables, et qui soient habités aussi : mais,
après tout, s'inquiète de tout cela qui veut.
Ceux qui ont des pensées à perdre les peuvent
perdre sur ces sortes de sujets ; mais tout le
monde n'est pas en état de faire cette dépense
inutile.

J'ai mis dans ces entretiens une femme que
l'on instruit, et qui n'a jamais ouï parler de
ces choses-là. J'ai cru que cette fiction me
servirait, et à rendre l'ouvrage plus susceptible d'agrément, et à encourager les dames
par l'exemple d'une femme, qui, ne sortant
jamais des bornes d'une personne qui n'a
nulle teinture des sciences, ne laisse pas d'entendre ce qu'on lui dit, et de ranger dans sa
tête, sans confusion, les tourbillons et les
mondes. Pourquoi des femmes céderaient-
elles à cette marquise imaginaire, qui ne con-

çoit que ce qu'elle ne peut se dispenser de concevoir?

A la vérité, elle s'applique un peu ; mais qu'est-ce ici que s'appliquer ? Ce n'est pas pénétrer, à force de méditation, une chose obscure d'elle-même, ou expliquée obscurément ; c'est seulement ne point lire sans se représenter nettement ce qu'on lit. Je ne demande aux dames, pour tout ce système de philosophie, que la même application qu'il faut donner à la princesse de Clèves, si on veut en suivre bien l'intrigue et en connaître toute la beauté. Il est vrai que les idées de ce livre-si sont moins familières à la plupart des femmes que celles de la princesse de Clèves ; mais elles n'en sont pas plus obscures, et je suis sûr qu'à une seconde lecture tout au plus il ne leur en sera rien échappé.

Comme je n'ai pas prétendu faire un système en l'air, et qui n'eût aucun fondement, j'ai employé de vrais raisonnements de physique, et j'en ai employé autant qu'il a été nécessaire. Mais il se trouve heureusement dans ce sujet que les idées de physique y sont riantes d'elles-mêmes, et que dans le même temps qu'elles contentent la raison elles donnent à l'imagination un spectacle qui lui plait autant que s'il était fait exprès pour elle.

Quand j'ai trouvé quelques morceaux qui n'é-

taient pas tout à fait de cette espèce, je leur ai
donné des ornements étrangers. Virgile en a usé
ainsi dans ses Géorgiques, où il sauve le fond
de sa matière, qui est tout à fait sèche, par des
digressions fréquentes et souvent fort agréables. Ovide même en a fait autant dans l'*Art
d'aimer*, quoique le fond de sa matière fût infiniment plus agréable que tout ce qu'il y pouvait mêler. Apparemment il a cru qu'il était en-
nuyeux de parler toujours d'une même chose,
fût-ce de préceptes de galanterie. Pour moi,
qui avais plus besoin que lui du secours des
digressions, je ne m'en suis pourtant servi
qu'avec assez de ménagement. Je les ai auto-
risées par la liberté naturelle de la conversation; je ne les ai placées que dans les endroits
où j'ai cru qu'on serait bien aise de les trouver; j'en ai mis la plus grande partie dans les
commencements de l'ouvrage, parce qu'alors
l'esprit n'est pas encore assez accoutumé aux
idées principales que je lui offre; enfin, je les
ai prises dans mon sujet même, ou assez proche de mon sujet.

Je n'ai rien voulu imaginer sur les habitants
des mondes qui fût entièrement impossible et
chimérique. J'ai tâché de dire tout ce qu'on
en pouvait penser raisonnablement, et les visions même que j'ai ajoutées à cela ont quelque fondement réel. Le vrai et le faux sont
mêlés ici; mais ils y sont toujours aisés à
distinguer. Je n'entreprends point de justi-

fier un composé si bizarre ; c'est là le point le plus important de cet ouvrage, et c'est cela justement dont je ne puis rendre raison.

Il ne me reste plus, dans cette préface, qu'à parler à une sorte de personnes ; mais ce seront peut-être les plus difficiles à contenter, non que l'on n'ait à leur donner de fort bonnes raisons, mais parce qu'ils ont le privilége de ne se payer pas, s'ils ne veulent, de toutes les raisons qui sont bonnes. Ce sont les gens scrupuleux qui pourront s'imaginer qu'il y a du danger, par rapport à la religion, à mettre les habitants ailleurs que sur la terre. Je respecte jusqu'aux délicatesses excessives que l'on a sur le fait de la religion ; et celle-là même, je l'aurais respectée au point de ne la vouloir pas choquer dans cet ouvrage, si elle était contraire à mon sentiment. Mais ce qui va peut-être vous paraître surprenant, elle ne regarde pas seulement ce système, où je remplis d'habitants une infinité de mondes. Il ne faut que démêler une petite erreur d'imagination. Quand on vous dit que la lune est habitée, vous vous y représentez aussitôt des hommes faits comme nous ; et puis, si vous êtes un peu théologien, vous voilà plein de difficultés : la postérité d'Adam n'a pas pu s'étendre jusque dans la lune, ni envoyer des colonies en ce pays-là ; les hommes qui sont dans la lune ne sont donc pas fils d'Adam. Or, il serait embarrassant, dans la théologie, qu'il y eût des hom-

mes qui ne descendissent pas de lui. Il n'est
pas besoin d'en dire davantage ; toutes les difficultés imaginables se réduisent à cela, et les
termes qu'il faudrait employer dans une plus
longue explication sont trop dignes de respect
pour être mis dans un livre aussi peu grave que
celui-ci. L'objection roule donc tout entière
sur les hommes de la lune ; mais ce sont ceux
qui la font, à qui il plaît de mettre des hommes
dans la lune. Moi, je n'y en mets point; j'y
mets des habitants qui ne sont point du tout des
hommes. Que sont-ils donc? Je ne les ai point
vus, ce n'est pas pour les avoir vus que j'en
parle; et ne soupçonnez pas que ce soit une dé-
faite dont je me serve pour éluder votre objection, que de dire qu'il n'y a point d'hommes
dans la lune : vous verrez qu'il est impossible
qu'il y en ait, selon l'idée que j'ai de la diversité infinie que la nature doit avoir mise dans
ses ouvrages. Cette idée règne dans tout le livre,
et elle ne peut être contestée d'aucun philosophe. Ainsi, je crois que je n'entendrai faire
cette objection qu'à ceux qui parleront de ces
entretiens sans les avoir lus. Mais est-ce un
sujet de me rassurer? Non; c'en est un au
contraire très légitime de craindre que l'objection ne me soit faite de bien des endroits.

ENTRETIENS

SUR LA

PLURALITÉ DES MONDES

A MONSIEUR L...

Vous voulez, monsieur, que je vous rende un compte exact de la manière dont j'ai passé mon temps à la campagne, chez madame la marquise de G***. Savez-vous bien que ce compte exact sera un livre, et, ce qu'il y a de pis, un livre de philosophie? Vous vous attendez à des fêtes, à des parties de jeu ou de chasse, et vous aurez des planètes, des mondes, des tourbillons; il n'a presque été question que de ces choses-là. Heureusement vous êtes philosophe, et vous ne vous en moquerez pas tant qu'un autre. Peut-être même serez-vous bien aise que j'aie attiré madame la marquise dans le parti de la philosophie. Nous ne pouvions faire une acquisition plus considérable, car je compte que la beauté et la jeunesse sont toujours des choses d'un grand prix. Ne croyez-vous pas que si la sagesse elle-même voulait se présenter aux hommes avec succès, elle ne ferait point de mal de paraître sous une figure qui approchât un peu de celle de la marquise? Surtout, si elle pouvait avoir dans sa conversation les mêmes agréments, je suis persuadé que tout le monde courrait après la sagesse. Ne vous attendez pourtant pas à entendre des merveilles, quand je vous ferai le récit des entretiens que j'ai eus avec cette dame: il faudrait presque avoir autant d'esprit qu'elle pour répéter ce qu'elle a dit de la manière dont elle l'a dit. Vous lui verrez seulement cette vivacité d'intelligence que vous lui connaissez. Pour moi, je la tiens savante, à cause de l'extrême facilité qu'elle aurait à le devenir. Qu'est-ce qui lui manque? D'avoir ouvert les yeux sur des livres: cela n'est rien, et bien des gens l'ont fait toute leur vie, à qui je refuserais, si j'osais, le nom de savants. Au reste, monsieur, vous m'aurez une obligation. Je sais bien qu'avant que d'entrer dans le détail des conversations que j'ai eues avec la marquise, je serais en droit de vous décrire le château où elle était allée passer l'automne.

On a souvent décrit des châteaux pour de
moindres occasions; mais je vous ferai grâce
sur cela. Il suffit que vous sachiez que quand
j'arrivai chez elle, je n'y trouvai point de
compagnie, et que j'en fus fort aise. Les deux
premiers jours n'eurent rien de remarquable;
ils se passèrent à épuiser les nouvelles de Paris, d'où je venais; mais ensuite vinrent ces
entretiens dont je veux vous faire part. Je
vous les diviserai par soirs, parce qu'effectivement nous n'eûmes de ces entretiens que
les soirs.

———

PREMIER SOIR. — Que la Terre est une planète qui
tourne sur elle-même et autour du Soleil.

Nous allâmes donc un soir, après souper,
nous promener dans le parc; il faisait un
frais délicieux, qui nous récompensait d'une
journée fort chaude que nous avions essuyée.
La lune était levée il y avait peut-être une
heure, et ses rayons, qui ne venaient à nous
qu'entre les branches des arbres, faisaient un
agréable mélange d'un blanc fort vif avec
tout ce vert qui paraissait noir. Il n'y avait
pas un nuage qui dérobât ou qui obscurcît la
moindre étoile; elles étaient toutes d'un or pur
et éclatant, et qui était encore relevé par le

fond bleu où elles sont attachées. Ce spectacle me fit rêver, et peut-être, sans la marquise, eussé-je rêvé assez longtemps : mais la présence d'une si aimable dame ne me permit pas de m'abandonner à la lune et aux étoiles.

— Ne trouvez-vous pas, lui dis-je, que le jour même n'est pas si beau qu'une belle nuit?

— Oui, me répondit-elle, la beauté du jour est comme une beauté blonde qui a plus de brillant; mais la beauté de la nuit est une beauté brune qui est plus touchante.

— Vous êtes bien généreuse, repris-je, de donner cet avantage aux brunes, vous qui ne l'êtes pas. Il est pourtant vrai que le jour est ce qu'il y a de plus beau dans la nature, et que les héroïnes de roman, qui sont ce qu'il y a de plus beau dans l'imagination, sont presque toujours blondes.

— Ce n'est rien que la beauté, répliqua-t-elle, si elle ne touche. Avouez que le jour ne vous eût jamais jeté dans une rêverie aussi douce que celle où je vous ai vu prêt de tomber tout à l'heure à la vue de cette belle nuit.

— J'en conviens, répondis-je ; mais, en récompense, une blonde comme vous me ferait encore mieux rêver que la plus belle nuit du monde avec toute sa beauté brune.

— Quand cela serait vrai, répliqua-t-elle,

je ne m'en contenterais pas. Je voudrais que le jour, puisque les blondes doivent être dans ses intérêts, fît aussi le même effet. Pourquoi les amants, qui sont bons juges de ce qui touche, ne s'adressent-ils jamais qu'à la nuit, dans toutes les chansons et dans toutes les élégies que je connais ?

— Il faut bien que la nuit ait leurs remerciments, lui dis-je.

— Mais, reprit-elle, elle a aussi toutes leurs plaintes. Le jour ne s'attire point leurs confidences. D'où cela vient-il ?

— C'est apparemment, répondis-je, qu'il n'inspire point je ne sais quoi de triste et de passionné. Il semble, pendant la nuit, que tout soit en repos. On s'imagine que les étoiles marchent avec plus de silence que le Soleil ; les objets que le ciel présente sont plus doux ; la vue s'y arrête plus aisément ; enfin, on rêve mieux, parce qu'on se flatte d'être alors dans toute la nature la seule personne occupée à rêver. Peut-être aussi que le spectacle du jour est trop uniforme ; ce n'est qu'un soleil et une voûte bleue ; mais il se peut que la vue de toutes ces étoiles, semées confusément, et disposées au hasard en mille figures différentes, favorise la rêverie et un certain désordre de pensées où l'on ne tombe point sans plaisir.

— J'ai toujours senti ce que vous me dites, reprit-elle ; j'aime les étoiles et je me plaindrais volontiers du soleil, qui nous les efface.

— Ah ! m'écriai-je, je ne puis lui pardonner de me faire perdre de vue tous ces mondes. ·

— Qu'appelez-vous tous ces mondes? me dit-elle en me regardant et en se tournant vers moi.

— Je vous demande pardon, répondis-je ; vous m'avez mis sur ma folie, et aussitôt mon imagination s'est échappée.

— Quelle est donc cette folie ? reprit-elle.

— Hélas ! répliquai-je, je suis bien fâché qu'il faille vous l'avouer. Je me suis mis dans la tête que chaque étoile pourrait bien être un monde. Je ne jurerais pourtant pas que cela fût vrai; mais je le tiens pour vrai, parce qu'il me fait plaisir à croire. C'est une idée qui me plaît, et qui s'est placée dans mon esprit d'une manière riante. Selon moi, il n'y a pas jusqu'aux vérités à qui l'agrément ne soit nécessaire.

— Eh bien ! reprit-elle, puisque votre folie est si agréable, donnez-la-moi ; je croirai sur les étoiles tout ce que vous voudrez, pourvu que j'y trouve du plaisir.

— Ah ! madame, répondis-je bien vite, ce n'est pas un plaisir comme celui que vous auriez à une comédie de Molière; c'en est un qui est je ne sais où dans la raison, et qui ne fait rire que l'esprit.

— Quoi donc, reprit-elle, croyez-vous qu'on

soit incapable des plaisirs qui ne sont que dans la raison? Je veux tout à l'heure vous faire voir le contraire. Apprenez-moi vos étoiles.

— Non, répliquai-je, il ne me sera point reproché que dans un bois, à dix heures du soir, j'aie parlé de philosophie à la plus aimable personne que je connaisse. Cherchez ailleurs vos philosophes.

J'eus beau me défendre encore quelque temps sur ce ton-là, il fallut céder. Je lui fis du moins promettre, pour mon honneur, qu'elle me garderait le secret; et quand je fus hors d'état de m'en pouvoir dédire, et que je voulus parler, je vis que je ne savais par où commencer mon discours; car, avec une personne comme elle, qui ne savait rien en matière de physique, il fallait prendre les choses de bien loin, pour lui prouver que la terre pouvait être une planète, les planètes autant de terres, et toutes les étoiles autant de soleils qui éclairaient des mondes. J'en revenais toujours à lui dire qu'il aurait mieux valu s'entretenir de bagatelles, comme toutes personnes raisonnables auraient fait en notre place. A la fin cependant, pour lui donner une idée générale de la philosophie, voici par où je commençai.

— Toute la philosophie, lui dis-je, n'est fondée que sur deux choses : sur ce qu'on a l'esprit curieux et les yeux mauvais; car si vous aviez les yeux meilleurs que vous ne les avez, vous verriez bien si les étoiles sont des soleils qui éclairent autant de mondes, ou si elles n'en sont pas; et si, d'un autre côté, vous étiez moins curieuse, vous ne vous soucieriez pas de le savoir, ce qui reviendrait au même : mais on veut savoir plus qu'on ne voit ! c'est là la difficulté. Encore, si ce qu'on voit on le voyait bien, ce serait toujours autant de connu; mais on le voit tout autrement qu'il n'est. Ainsi, les vrais philosophes passent leur vie à ne point croire ce qu'ils voient, et à tâcher de deviner ce qu'ils ne voient point; et cette condition n'est pas, ce me semble, trop à envier. Sur cela, je me figure toujours que la nature est un grand spectacle, qui ressemble à celui de l'Opéra. Du lieu où vous êtes à l'Opéra, vous ne voyez pas le théâtre tout à fait comme il est : on a disposé les décorations et les machines pour faire de loin un effet agréable, et on cache à votre vue ces roues et ces contrepoids qui font tous les mouvements. Aussi, ne vous embarrassez-vous guère de deviner comment tout cela joue. Il n'y a peut-être que quelque machiniste caché dans le parterre, qui s'inquiète d'un vol qui lui aura paru extraordinaire, et qui veut absolument démêler comment ce vol a été exécuté. Vous voyez bien que ce machiniste-là est assez fait comme les philosophes. Mais ce qui, à l'égard des philosophes, augmente la difficulté, c'est que, dans les machines que la nature présente à nos yeux, les cordes sont parfaitement bien cachées, et elles le sont si bien, qu'on a été longtemps à deviner ce qui causait les mouvements de l'univers : car, représentez-vous tous les sages à l'Opéra, ces Pythagores, ces Platons, ces Aristotes, et tous ces gens dont le nom fait aujourd'hui tant de bruit à nos oreilles : supposons qu'ils voyaient le vol de Phaéton que les vents enlèvent, qu'ils ne pouvaient découvrir les cordes, et qu'ils ne savaient point comment le derrière du théâtre était disposé. L'un d'eux disait : « C'est une vertu secrète qui enlève Phaéton. » L'autre : « Phaéton est composé de certains nombres qui le font monter. » L'autre : « Phaéton a une certaine amitié pour le haut du théâtre ; il n'est pas à son aise quand il n'y est pas. » L'autre : « Phaéton n'est pas fait pour voler ; mais il aime mieux voler que de laisser le haut du théâtre vide ; » et cent autres rêveries que je m'étonne qui n'aient perdu de réputation toute l'antiquité. A la fin, Descartes et quelques autres modernes sont venus, qui ont dit : « Phaéton monte parce qu'il est tiré par des cordes, et qu'un poids plus pesant que lui descend. » Ainsi, on ne croit plus qu'un corps se remue, s'il n'est tiré, ou plutôt poussé par un autre corps : on ne croit plus qu'il monte ou qu'il descende, si ce n'est par l'effet d'un contre-poids ou d'un ressort ;

et qui verrait la nature telle qu'elle est ne verrait que le derrière du théâtre de l'Opéra.

— A ce compte, dit la marquise, la philosophie est devenue bien mécanique?

— Si mécanique, répondis-je, que je crains qu'on n'en ait bientôt honte. On veut que l'univers ne soit en grand que ce qu'une montre est en petit, et que tout s'y conduise par des mouvements réglés qui dépendent de l'arrangement des parties. Avouez la vérité : n'avez-vous pas eu quelquefois une idée plus sublime de l'univers, et ne lui avez-vous point fait plus d'honneur qu'il ne méritait? J'ai vu des gens qui l'en estimaient moins, depuis qu'ils l'avaient connu.

— Et moi, répliqua-t-elle, je l'en estime beaucoup plus, depuis que je sais qu'il ressemble à une montre. Il est surprenant que l'ordre de la nature, tout admirable qu'il est, ne roule que sur des choses si simples.

— Je ne sais pas, lui répondis-je, qui vous a donné des idées si saines; mais, en vérité, il n'est pas trop commun de les avoir. Assez de gens ont toujours dans la tête un faux merveilleux, enveloppé d'une obscurité qu'ils respectent. Ils n'admirent la nature que parce qu'ils la croient une espèce de magie où l'on n'entend rien ; et il est sûr qu'une chose est déshonorée auprès d'eux dès qu'elle peut être conçue. Mais, madame, continuai-je, vous êtes si bien disposée à entrer dans tout ce que je

veux vous dire, que je crois que je n'ai qu'à
tirer le rideau, et à vous montrer le monde.
De la Terre où nous sommes, ce que nous
voyons de plus éloigné, c'est ce ciel bleu, cette
grande voûte où il semble quelles étoiles sont
attachées comme des clous. On les appelle fixes,
parce qu'elles ne paraissent avoir que le mouvement de leur ciel, qui les emporte avec lui
d'Orient en Occident. Entre la Terre et cette
dernière voûte des cieux, sont suspendus, à
différentes hauteurs, le soleil, la lune, et les
cinq autres astres qu'on appelle des planètes:
Mercure, Vénus, Mars, Jupiter et Saturne. Ces
planètes n'étant point attachées à un même
ciel, ayant des mouvements inégaux, elles se
regardent diversement, et figurent diversement ensemble; au lieu que les étoiles fixes
sont toujours dans la même situation les unes
à l'égard des autres. Le Chariot, par exemple,
que vous voyez, qui est formé de sept étoiles,
a toujours été fait comme il est, et le sera
encore longtemps; mais la Lune est tantôt
proche du Soleil, tantôt elle en est éloignée,
et il en va de même des autres planètes. Voilà
comme les choses parurent à ces anciens ber-
gers de Chaldée, dont le grand loisir produisit
les premières observations, qui ont été le
fondement de l'astronomie; car l'astronomie
est née dans la Chaldée, comme la géométrie
naquit, dit-on, en Egypte, où les inondations
du Nil, qui confondaient les bornes des

champs, furent cause que, chacun voulut inventer des mesures exactes pour reconnaître son champ d'avec celui de son voisin. Ainsi, l'astronomie est fille de l'oisiveté, la géométrie est fille de l'intérêt; et s'il était question de la poésie, nous trouverions apparemment qu'elle est fille de l'amour.

— Je suis bien aise, dit la marquise, d'avoir appris cette généalogie des sciences, et je vois bien qu'il faut que je m'en tienne à l'astronomie. La géométrie, selon ce que vous me dites, demanderait une âme plus intéressée que je ne l'ai, et la poésie en demanderait une plus tendre; mais j'ai autant de loisir que l'astronomie en peut demander. Heureusement encore nous sommes à la campagne, et nous y menons quasi une vie pastorale; tout cela convient à l'astronomie.

— Ne vous y trompez pas, madame, repris-je; ce n'est pas la vraie vie pastorale que de parler des planètes et des étoiles fixes. Voyez si c'est à cela que les gens de l'Astrée passent leur temps.

— Oh! répondit-elle, cette sorte de bergerie-là est trop dangereuse. J'aime mieux celle de ces Chaldéens dont vous me parliez. Recommencez un peu, s'il vous plaît, à me parler chaldéen. Quand on eut reconnu cette disposition des cieux que vous m'avez dite, de quoi fut-il question?

— Il fut question, repris-je, de deviner comment toutes les parties de l'univers devaient être arrangées, et c'est là ce que les savants appellent faire un système. Mais avant que je vous explique le premier des systèmes, il faut que vous remarquiez, s'il vous plaît, que nous sommes tous faits naturellement comme un certain fou athénien, dont vous avez entendu parler, qui s'était mis dans la fantaisie que tous les vaisseaux qui abordaient au port de Pirée lui appartenaient. Notre folie, à nous autres, est de croire aussi que toute la nature, sans exception, est destinée à nos usages ; et quand on demande à nos philosophes à quoi sert ce nombre prodigieux d'étoiles fixes, dont une partie suffirait pour faire ce qu'elles font toutes, ils vous répondent froidement qu'elles servent à leur réjouir la vue. Sur ce principe on ne manqua pas d'abord de s'imaginer qu'il fallait que la Terre fût en repos au centre de l'univers, tandis que tous les corps célestes, qui étaient faits pour elle, prendraient la peine de tourner à l'entour pour l'éclairer. Ce fut donc au-dessus de la Terre qu'on plaça la Lune, et au-dessus de la Lune on plaça Mercure, ensuite Vénus, le Soleil, Mars, Jupiter, Saturne. Au-dessus de tout cela était le ciel des étoiles fixes. La Terre se trouvait justement au milieu des cercles que décrivent ces planètes, et ils étaient d'autant plus grands qu'ils étaient plus éloignés de la Terre, et par conséquent les planètes, plus éloignées, em-

ployaient plus de temps à faire leurs cours,
ce qui effectivement est vrai.

— Mais je ne sais pas, interrompit la marquise, pourquoi vous semblez n'approuver pas
cet ordre-là dans l'univers ; il me paraît assez
net et assez intelligible, et, pour moi, je vous
déclare que je m'en contente.

— Je puis me vanter, répliquai-je, que je
vous adoucis bien tout ce système. Si je vous
le donnais tel qu'il a été conçu par Ptolomée,
son auteur, ou par ceux qui y ont travaillé
après lui, il vous jetterait dans une épouvante horrible. Comme les mouvements des
planètes ne sont pas si réguliers qu'elles
n'aillent tantôt plus vite, tantôt plus lente-
ment, tantôt en un sens, tantôt en un autre,
et qu'elles ne soient quelquefois plus éloignées de la Terre, quelquefois plus proches,
les anciens avaient imaginé je ne sais combien de cercles différemment entrelacés les
uns dans les autres, par lesquels ils sauvaient
toutes ces bizarreries. L'embarras de tous ces
cercles était si grand, que, dans un temps où
l'on ne connaissait encore rien de meilleur,
un roi de Castille, grand mathématicien, mais
apparemment peu dévot, disait que si Dieu
l'eût appelé à son conseil quand il fit le monde, il lui eût donné de bons avis. La pensée
est un peu trop libertine ; mais cela même
est assez plaisant, que ce système fût alors
une occasion de pécher, parce qu'il était trop

confus. Les bons avis que ce roi voulait donner regardaient sans doute la suppression de tous ces cercles dont on avait embarrassé les mouvements célestes. Apparemment ils regardaient aussi une autre suppression de deux ou trois cieux superflus qu'on avait mis au delà des étoiles fixes. Ces philosophes, pour expliquer une sorte de mouvement dans les corps célestes, faisaient, au delà du dernier ciel que nous voyons, un ciel de cristal, qui imprimait ce mouvement aux cieux inférieurs. Avaient-ils nouvelle d'un autre mouvement, c'était aussitôt un autre ciel de cristal. Enfin, les cieux de cristal ne leur coûtaient rien.

— Et pourquoi ne les faisait-on que de cristal? dit la marquise. N'eussent-ils pas été bons de quelque autre matière?

— Non, répondis-je; il fallait que la lumière passât au travers, et d'ailleurs il fallait qu'ils fussent solides. Il le fallait absolument, car Aristote avait trouvé que la solidité était une chose attachée à la noblesse de leur nature; et puisqu'il l'avait dit, on n'avait garde d'en douter. Mais on a vu des comètes qui, étant plus élevées qu'on ne croyait autrefois, briseraient tout le cristal des cieux par où elles passent, et casseraient tout l'univers; et il a fallu se résoudre à faire les cieux d'une matière fluide, telle que l'air. Enfin, il est hors de doute, par les observations de ces derniers siècles, que Vénus et Mercure tour-

nent autour du Soleil, et non autour de la
Terre, et l'ancien système est absolument in-
soutenable par cet endroit. Je vais donc vous
en proposer un qui satisfait à tout, et qui dis-
penserait le roi de Castille de donner des
avis, car il est d'une simplicité charmante
et qui seule le ferait préférer.

— Il semblerait, interrompit la marquise,
que votre philosophie est une espèce d'en-
chère, où ceux qui offrent de faire les choses
à moins de frais l'emportent sur les autres.

— Il est vrai, repris-je, et ce n'est que par
là qu'on peut attraper le plan sur lequel la
nature a fait son ouvrage. Elle est d'une
épargne extraordinaire ; tout ce qu'elle pourra
faire d'une manière qui lui coûtera un peu
moins, quand ce moins ne serait presque
rien, soyez sûre qu'elle ne le fera que de cette
manière-là. Cette épargne, néanmoins, s'ac-
corde avec une magnificence surprenante qui
brille dans tout ce qu'elle a fait : c'est que la
magnificence est dans le dessein, et l'épargne
dans l'exécution. Il n'y a rien de plus beau
qu'un grand dessein que l'on exécute à peu
de frais. Nous autres, nous sommes sujets à
renverser souvent tout cela dans nos idées.
Nous mettons l'épargne dans le dessein qu'a
eu la nature, et la magnificence dans l'exécution. Nous lui donnons un petit dessein,
qu'elle exécute avec dix fois plus de dépense
qu'il ne faudrait ; cela est tout à fait ridicule.

— Je serai bien aise, dit-elle, que le système dont vous m'allez parler imite de fort près la nature; car ce grand ménage-là tournera au profit de mon imagination, qui n'aura pas tant de peine à comprendre ce que vous me direz.

— Il n'y a plus ici d'embarras inutiles, repris-je. Figurez-vous un Allemand, nommé Copernic, qui fait main-basse sur tous ces cercles différents et sur tous ces cieux solides qui avaient été imaginés par l'antiquité. Il détruit les uns, il met les autres en pièces. Saisi d'une noble fureur d'astronome, il prend la Terre, et l'envoie bien loin du centre de l'univers, où elle s'était placée, et dans ce centre il y met le Soleil, à qui cet honneur était bien mieux dû. Les planètes ne tournent plus autour de la Terre, et ne l'enferment plus au milieu du cercle qu'elles décrivent. Si elles nous éclairent, c'est en quelque sorte par hasard, et parce qu'elles nous rencontrent en leur chemin. Tout tourne présentement autour du Soleil; la Terre y tourne elle-même; et, pour la punir du long repos qu'elle s'était attribué, Copernic la charge le plus qu'il peut de tous les mouvements qu'elle donnait aux planètes et aux cieux. Enfin, de tout cet équipage céleste dont cette petite Terre se faisait accompagner et environner, il ne lui est demeuré que la Lune, qui tourne encore autour d'elle.

FONTENELLE.

3

— Attendez un peu, dit la marquise, il vient de vous prendre un enthousiasme qui vous a fait expliquer les choses si pompeusement, que je ne crois pas les avoir entendues. Le Soleil est au centre de l'univers, et là il est immobile; après lui, qu'est-ce qui suit?

— C'est Mercure, répondis-je; il tourne autour du Soleil, en sorte que le Soleil est à peu près le centre du cercle que Mercure décrit. Au-dessus de Mercure est Vénus, qui tourne de même autour du Soleil. Ensuite vient la Terre, qui, étant plus élevée que Mercure et Vénus, décrit autour du Soleil un plus grand cercle que ces planètes. Enfin suivent Mars, Jupiter, Saturne, selon l'ordre où je vous les nomme, et vous voyez bien que Saturne doit décrire autour du Soleil le plus grand cercle de tous; aussi emploie-t-il plus de temps qu'aucune autre planète à faire sa révolution.

— Et la Lune, vous l'oubliez? interrompit-elle.

— Je la retrouverai bien, repris-je. La Lune tourne autour de la Terre, et ne l'abandonne point; mais comme la Terre avance toujours dans le cercle qu'elle décrit autour du Soleil, la Lune la suit, en tournant toujours autour d'elle; et si elle tourne autour du Soleil, ce n'est que pour ne point quitter la Terre.

— Je vous entends, répondit-elle, et j'aime la Lune de nous être restée lorsque toutes les autres planètes nous abandonnaient. Avouez que, si votre Allemand eût pu nous la faire perdre, il l'aurait fait volontiers; car je vois dans tout son procédé qu'il était bien mal intentionné pour la Terre.

— Je lui sais bon gré, répliquai-je, d'avoir rabattu la vanité des hommes, qui s'étaient mis à la plus belle place de l'univers, et j'ai du plaisir à voir présentement la Terre dans la foule des planètes.

— Bon! répondit-elle, croyez-vous que la vanité des hommes s'étende jusqu'à l'astronomie? Croyez-vous m'avoir humiliée, pour m'avoir appris que la Terre tourne autour du Soleil? Je vous jure que je ne m'en estime pas moins.

— Mon Dieu, madame, repris-je, je sais bien qu'on sera moins jaloux du rang qu'on tient dans l'univers que de celui qu'on croit devoir tenir dans une chambre, et que la préséance de deux planètes ne sera jamais une si grande affaire que celle de deux ambassadeurs. Cependant la même inclination qui fait qu'on veut avoir la place la plus honorable dans une cérémonie fait qu'un philosophe, dans un système, se met au centre du monde s'il peut. Il est bien aise que tout soit fait pour lui; il suppose, peut-être sans s'en apercevoir, ce principe qui le flatte, et son

cœur ne laisse pas de s'intéresser à une affaire de pure spéculation.

— Franchement, répliqua-t-elle, c'est là
une calomnie que vous avez inventée contre
le genre humain. On n'aurait donc jamais dû
recevoir le système de Copernic, puisqu'il
est si humiliant ?

— Aussi, repris-je, Copernic lui-même se
défiait-il fort du succès de son opinion. Il fut
très longtemps à ne la vouloir pas publier.
Enfin, il s'y résolut, à la prière de gens très
considérables; mais aussi, le jour qu'on lui
apporta le premier exemplaire imprimé de
son livre, savez-vous ce qu'il fit? Il mourut.
Il ne voulut point essuyer toutes les contra-
dictions qu'il prévoyait, et se tira habilement
d'affaire.

— Ecoutez, dit la marquise, il faut rendre
justice à tout le monde. Il est sûr qu'on a de
la peine à s'imaginer qu'on tourne autour du
Soleil ; car enfin on ne change point de place,
et on se retrouve toujours le matin où l'on
s'était couché le soir. Je vois, ce me semble,
à votre air, que, comme la Terre tout entière
marche...

— Assurément, interrompis-je, c'est la
même chose que si vous vous endormiez dans
un bateau qui allât sur la rivière; vous vous
trouveriez à votre réveil dans la même place
et dans la même situation à l'égard de toutes
les parties du bateau.

— Oui ; mais, répliqua-t-elle, voici une différence : je trouverais à mon réveil le rivage changé, et cela me ferait bien voir que mon bateau aurait changé de place. Mais il n'en va pas de même de la Terre ; j'y retrouve toutes choses comme je les avais laissées.

— Non pas, madame, répondis-je, non pas ; le rivage est changé aussi. Vous savez qu'au delà de tous les cercles des planètes sont les étoiles fixes : voilà notre rivage. Je suis sur la Terre, et la Terre décrit un grand cercle autour du Soleil. Je regarde au centre de ce cercle ; j'y vois le Soleil. S'il n'effaçait point les étoiles, en poussant ma vue en ligne droite au delà du Soleil, je le verrais nécessairement répondre à quelques étoiles fixes ; mais je vois aisément pendant la nuit à quelles étoiles il a répondu le jour, et c'est exactement la même chose. Si la Terre ne changeait point de place sur le cercle où elle est, je verrais toujours le Soleil répondre aux mêmes étoiles fixes ; mais, dès que la Terre change de place, il faut que je la voie répondre à d'autres étoiles. C'est là le rivage qui change tous les jours ; et comme la Terre fait son cercle en un an autour du Soleil, je vois le Soleil en l'espace d'une année répondre successivement à diverses étoiles fixes qui composent un cercle : ce cercle s'appelle le zodiaque. Voulez-vous que je vous fasse ici une figure sur le sable ?

— Non, répondit-elle, je m'en passerai

bien, et puis cela donnerait à mon parc un air savant que je ne veux pas qu'il ait. N'ai-je pas ouï dire qu'un philosophe, qui fut jeté par un naufrage dans une île qu'il ne connaissait point, s'écria à ceux qui le suivaient, en voyant de certaines figures, des lignes et des cercles tracés sur le bord de la mer : «Courage, compagnons, l'île est habitée; voici des pas d'hommes. » Vous jugez bien qu'il ne m'appartient pas de faire de ces pas-là, et qu'il ne faut pas qu'on en voie ici.

— Il vaut mieux, en effet, répondis-je, qu'on n'y voie que des pas d'amants, c'est-à-dire votre nom et vos chiffres gravés sur l'écorce des arbres par la main de vos adorateurs.

— Laissons là, je vous prie, les adorateurs, reprit-elle, et parlons du Soleil. J'entends bien comment nous nous imaginons qu'il décrit le cercle que nous décrivons nous-mêmes, mais ce tour ne s'achève qu'en un an, et celui que le Soleil fait tous les jours sur notre tête, comment se fait-il ?

— Avez-vous remarqué, lui répondis-je, qu'une boule qui roulerait sur cette allée aurait deux mouvements ? Elle irait vers le bout de l'allée, et en même temps elle tournerait plusieurs fois sur elle-même, en sorte que la partie de cette boule qui est en haut descendrait en bas, et que celle d'en bas monterait en haut. La Terre fait la même chose. Dans le temps qu'elle avance sur le cercle qu'elle décrit en un an autour du Soleil, elle tourne sur elle-même en vingt-quatre heures. Ainsi, en vingt-quatre heures chaque partie de la Terre perd le Soleil et le recouvre ; et à mesure qu'en tournant on va vers le côté où est le Soleil, il semble qu'il s'élève ; et quand on commence à s'en éloigner, en continuant le tour il semble qu'il s'abaisse.

— Cela est assez plaisant, dit-elle ; la Terre prend tout sur soi, et le Soleil ne fait rien : et quand la Lune et les autres planètes et les étoiles fixes paraissent faire un tour sur notre tête en vingt-quatre heures, c'est donc aussi une imagination ?

— Imagination pure, repris-je, qui vient de la même cause. Les planètes font seulement leurs cercles autour du Soleil en des temps inégaux, selon leurs distances inégales ; et celle que nous voyons aujourd'hui répondre à un certain point du zodiaque ou de ce cercle d'étoiles fixes, nous la voyons demain à la même heure répondre à un autre point, tant parce qu'elle a avancé sur son cercle, que parce que nous avons avancé sur le nôtre. Nous marchons, et les autres planètes marchent aussi, mais plus ou moins vite que nous. Cela nous met dans différents points de vue à leur égard, et nous fait paraître dans leur cours des bizarreries dont il n'est pas nécessaire que je vous parle. Il suf-

fît que vous sachiez que ce qu'il y a d'irrégu-
lier dans les planètes ne vient que de la di-
verse manière dont notre mouvement nous les
fait rencontrer, et qu'au fond elles sont toutes
très réglées.

— Je consens qu'elles le soient, dit la marquise ; mais je voudrais bien que leur régu-
larité coûtât moins à la Terre; on ne l'a
guère ménagée; et, pour une grosse masse
aussi pesante qu'elle est, on lui demande bien
de l'agilité.

— Mais, lui répondis-je, aimeriez-vous mieux
que le Soleil et tous les autres astres, qui sont
de très grands corps, fissent en vingt-quatre
heures autour de la Terre un tour immense ?
que les étoiles fixes qui seraient dans le plus
grand cercle parcourussent en un jour plus
de vingt-sept mille six cent soixante fois deux
cent millions de lieues? Car il faut que tout
cela arrive si la Terre ne tourne pas sur elle-
même en vingt-quatre heures. En vérité, il
est bien plus raisonnable qu'elle fasse ce tour,
qui n'est tout au plus que de neuf mille lieues.
Vous voyez bien que neuf mille lieues, en
comparaison de l'horrible nombre que je viens
de vous dire, ne sont qu'une bagatelle.

— Oh ! répliqua la marquise, le Soleil et les
astres sont tout de feu, et le mouvement ne
leur coûte rien ; mais la Terre ne paraît guère
portative.

— Et croiriez-vous, repris-je, si vous n'en

aviez l'expérience, que ce fût quelque chose de bien portatif qu'un gros navire monté de cent cinquante pièces de canon, chargé de plus de trois mille hommes et d'une très grande quantité de marchandises? Cependant il ne faut qu'un petit souffle de vent pour le faire aller sur l'eau, parce que l'eau est liquide, et que, se laissant diviser avec facilité, elle résiste peu au mouvement du navire; ou, s'il est au milieu d'une rivière, il suivra sans peine le fil de l'eau, parce qu'il n'y a rien qui le retienne. Ainsi, la Terre, toute massive qu'elle est, est aisément portée au milieu de la matière céleste, qui est infiniment plus fluide que l'eau, et qui remplit tout ce grand espace où nagent les planètes. Et où faudrait-il que la Terre fût cramponnée pour résister au mouvement de cette matière céleste et ne s'y pas laisser emporter? C'est comme si une petite boule de bois pouvait ne pas suivre le courant d'une rivière.

— Mais, répliqua-t-elle encore, comment la Terre, avec tout son poids, se soutient-elle sur votre matière céleste, qui doit être bien légère, puisqu'elle est si fluide?

— Ce n'est pas à dire, répondis-je, que ce qui est fluide en soit plus léger. Que dites-vous de notre gros vaisseau, qui, avec tout son poids, est plus léger que l'eau, puisqu'il y surnage?

— Je ne veux plus vous dire rien, dit-elle

comme en colère, tant que vous aurez le gros
vaisseau. Mais, m'assurez-vous bien qu'il n'y
ait rien à craindre sur une pirouette aussi
légère que vous me faites la Terre?

— Eh bien! lui répondis-je, faisons porter
la Terre par quatre éléphants, comme font les
Indiens.

— Voici bien un autre système! s'écria-t-
elle. Du moins, j'aime ces gens-là d'avoir
pourvu à leur sûreté, et fait de bons fondements; au lieu que, nous autres coperni-
ciens, nous sommes assez inconsidérés pour
vouloir bien nager à l'aventure dans cette
matière céleste. Je gage que si les Indiens savaient que la Terre fût le moins du monde
en péril de se mouvoir, ils doubleraient les
éléphants.

— Cela le mériterait bien, repris-je en
riant de sa pensée; il ne faut point épargner
les éléphants pour dormir en assurance; et
si vous en avez besoin pour cette nuit, nous
en mettrons dans notre système autant qu'il
nous plaira; ensuite nous les retrancherons
peu à peu, à mesure que vous vous rassu-
rerez.

— Sérieusement, reprit-elle, je ne crois pas,
dès à présent, qu'ils me soient fort nécessaires, et je me sens assez de courage pour oser
tourner.

— Vous irez encore plus loin, répliquai-je;
vous tournerez avec plaisir, et vous ferez sur

ce système des idées réjouissantes. Quelquefois, par exemple, je me figure que je suis suspendu en l'air, et que j'y demeure sans mouvement, pendant que la Terre tourne sans moi en vingt-quatre heures. Je vois passer sous mes yeux tous ces visages différents, les uns blancs, les autres noirs, les autres basanés, les autres olivâtres. D'abord ce sont des chapeaux et puis des turbans, et puis des têtes chevelues, et puis des têtes rasées; tantôt des villes à clochers, tantôt des villes à longues aiguilles qui ont des croissants, tantôt des villes à tours de porcelaine, tantôt de grands pays qui n'ont que des cabanes; ici de vastes mers, là des déserts épouvantables; enfin, toute cette variété infinie qui est sur la surface de la Terre.

— En vérité, dit-elle, tout cela mériterait bien que l'on donnât vingt-quatre heures de son temps à le voir. Ainsi donc, dans le même lieu où nous sommes à présent, je ne dis pas dans ce parc, mais dans ce même lieu, à le prendre dans l'air, il y passe continuellement d'autres peuples, qui prennent notre place, et au bout de vingt-quatre heures nous y revenons.

— Copernic, lui répondis-je, ne le comprendrait pas mieux. D'abord, il passera par ici des Anglais, qui raisonneront peut-être de quelque dessein de politique avec moins de gaîté que nous ne raisonnons de notre philosophie; ensuite viendra une grande mer, et il pourra se trouver en ce lieu-là quelque vaisseau qui n'y sera pas si à son aise que nous. Après cela paraîtront des Iroquois, en mangeant tout vif quelque prisonnier de guerre, qui fera semblant de ne s'en pas soucier; des femmes de la terre de Jesso, qui n'emploieront tout leur temps qu'à préparer le repas de leurs maris, et à se peindre de bleu les lèvres et les sourcils pour plaire aux plus vilains hommes du monde; des Tartares, qui iront fort dévotement en pèlerinage vers ce grand-prêtre, qui ne sort jamais d'un lieu obscur où il n'est éclairé que par des lampes, à la lumière desquelles on l'adore; de belles Circassiennes, qui ne feront aucune façon d'accorder tout au premier venu, hormis ce qu'elles croient qui appartient essentiellement à leurs maris; de petits Tartares, qui iront voler des femmes pour les Turcs et pour les Persans; enfin, nous, qui débiterons peut-être encore des rêveries.

— Il est assez plaisant, dit la marquise, d'imaginer ce que vous venez de me dire; mais si je voyais tout cela d'en haut, je voudrais avoir la liberté de hâter ou d'arrêter le mouvement de la Terre selon que les objets me plairaient plus ou moins; et je vous assure que je ferais passer bien vite ceux qui s'embarrassent de politique, ou qui mangent leurs ennemis; mais il y en a d'autres pour qui j'aurais de la curiosité. J'en aurais pour ces belles Circassiennes, par exemple, qui ont un usage si particulier. Mais il me vient une difficulté sérieuse : si la Terre tourne, nous changeons d'air à chaque moment, et nous respirons toujours celui d'un autre pays.

— Nullement, madame, répondis-je; l'air qui environne la Terre ne s'étend que jusqu'à une certaine hauteur, peut-être jusqu'à vingt lieues tout au plus; il nous suit et tourne avec nous. Vous avez vu quelquefois l'ouvrage d'un ver à soie, ou ces coques que ces petits animaux travaillent avec tant d'art pour s'y emprisonner : elles sont d'une soie fort serrée; mais elles sont couvertes d'un certain duvet fort léger et fort lâche. C'est ainsi que la Terre, qui est assez solide, est couverte, depuis sa surface jusqu'à une certaine hauteur, d'une espèce de duvet, qui est l'air, et toute la coque du ver à soie tourne en même temps. Au delà de l'air est la matière céleste, incomparablement plus pure, plus subtile, et même plus agitée qu'il n'est.

— Vous me présentez la Terre sous des idées bien méprisables, dit la marquise. C'est pourtant sur cette coque de ver à soie qu'il se fait de si grands travaux, de si grandes guerres, et qu'il règne de tous côtés une si grande agitation.

— Oui, répondis-je; et pendant ce temps-là la nature, qui n'entre point en connaissance de tous ces petits mouvements particuliers, nous emporte tous ensemble d'un mouvement général, et se joue de la petite boule.

— Il me semble, reprit-elle, qu'il est ridicule d'être sur quelque chose qui tourne, et de se tourmenter tant ; mais le malheur est qu'on n'est pas assuré qu'on tourne ; car enfin, à ne vous rien céler, toutes les précautions que vous prenez pour m'empêcher qu'on ne s'aperçoive du mouvement de la Terre me sont suspectes. Est-il possible qu'il ne laissera pas quelque petite marque sensible à laquelle on le reconnaisse ?

— Les mouvements les plus naturels, répondis-je, et les plus ordinaires, sont ceux qui se font le moins sentir ; cela est vrai jusque dans la morale. Le mouvement de l'amour-propre nous est si naturel que, le plus souvent, nous ne le sentons pas, et que nous croyons agir par d'autres principes.

— Ah ! vous moralisez, dit-elle, quand il est question de physique ; cela s'appelle bâiller. Retirons-nous ; aussi bien en voilà assez pour la première fois : demain, nous reviendrons ici, vous avec vos systèmes, et moi avec mon ignorance.

En retournant au château, je lui dis, pour épuiser la matière des systèmes, qu'il y en avait un troisième inventé par Ticho-Brahé, qui, voulant absolument que la Terre fût immobile, la plaçait au centre du monde, et

faisait tourner autour d'elle le Soleil, autour
duquel tournaient toutes les autres planètes,
parce que, depuis les nouvelles découvertes,
il n'y avait pas moyen de faire tourner les
planètes autour de la Terre. Mais la marquise, qui a le discernement vif et prompt,
jugea qu'il y avait trop d'affectation à exempter la Terre de tourner autour du Soleil,
puisqu'on n'en pouvait pas exempter tant
d'autres grands corps ; que le Soleil n'était
plus si propre à tourner autour de la Terre
depuis que toutes les planètes tournaient autour de lui ; que ce système ne pouvait être
propre tout au plus qu'à soutenir l'immobilité
de la Terre, quand on avait bien envie de la
soutenir, et nullement à la persuader ; et enfin, il fut résolu que nous nous en tiendrions
à celui de Copernic, qui est plus uniforme et
plus riant, et n'a aucun mélange de préjugé.
En effet, la simplicité dont il est persuadé et
sa hardiesse font plaisir.

DEUXIÈME SOIR. — Que la Lune est une Terre habitée.

Le lendemain au matin, dès que l'on put
entrer dans l'appartement de la marquise,
j'envoyai savoir de ses nouvelles, et lui demander si elle avait pu dormir en tournant :
elle me fit répondre qu'elle était déjà tout
accoutumée à cette allure de la Terre, et

qu'elle avait passé la nuit aussi tranquillement qu'aurait pu faire Copernic lui-même. Quelque temps après il vint chez elle du monde, qui y demeura jusqu'au soir, selon l'ennuyeuse coutume de la campagne : encore leur fut-on bien obligé; car la campagne leur donnait aussi le droit de pousser leur visite jusqu'au lendemain, s'ils eussent voulu, et ils eurent l'honnêteté de ne le pas faire. Ainsi, la marquise et moi, nous nous retrouvâmes libres le soir. Nous allâmes encore dans le parc, et la conversation ne manqua pas de tourner aussitôt sur nos systèmes. Elle les avait si bien conçus, qu'elle dédaigna d'en parler une seconde fois, et elle voulut que je la menasse à quelque chose de nouveau.

— Eh bien donc, lui dis-je, puisque le Soleil, qui est présentement immobile, a cessé d'être planète, et que la Terre, qui se meut autour de lui, a commencé d'en être une, vous ne serez pas si surprise d'entendre dire que la Lune est une Terre comme celle-ci, et qu'apparemment elle est habitée.

— Je n'ai jamais ouï parler de la Lune habitée, dit-elle, que comme d'une folie et d'une vision.

— C'en est peut-être une aussi, répondis-je. Je ne prends parti dans ces choses-là que comme on en prend dans les guerres civiles, où l'incertitude de ce qui peut arriver fait qu'on entretient toujours des intelligences dans le parti opposé, et qu'on a des ménagements avec ses ennemis mêmes. Pour moi, quoique je croie la Lune habitée, je ne laisse pas de vivre civilement avec ceux qui ne le croient pas ; et je me tiens toujours en état de me pouvoir ranger à leur opinion avec honneur si elle avait le dessus : mais en attendant qu'ils aient sur nous quelque avantage considérable, voici ce qui m'a fait pencher du côté des habitants de la Lune. Supposons qu'il n'y ait jamais eu nul commerce entre Paris et Saint-Denis, et qu'un bourgeois de Paris, qui ne sera jamais sorti de sa ville, soit sur les tours de Notre-Dame, et voie Saint-Denis de loin ; on lui demandera s'il croit que Saint-Denis soit habité comme Paris. Il répondra hardiment que non ; car, dira-t-il, je vois bien les habitants de Paris, mais ceux de Saint-Denis je ne les vois point ; on n'en a jamais entendu parler. Il y aura quelqu'un qui lui représentera qu'à la vérité, quand on est sur les tours Notre-Dame, on ne voit pas les habitants de Saint-Denis, mais que l'éloignement en est cause ; que tout ce qu'on peut voir de Saint-Denis ressemble fort à Paris ; que Saint-Denis a des clochers, des maisons, des murailles, et qu'il pourrait bien encore ressembler à Paris pour être habité. Tout cela ne gagnera rien sur mon bourgeois ; il s'obstinera toujours à soutenir que Saint-Denis

n'est point habité, puisqu'il n'y voit personne.
Notre Saint-Denis, c'est la Lune, et chacun
de nous est ce bourgeois de Paris qui n'est
jamais sorti de sa ville.

— Ah ! interrompit la marquise, vous nous
faites tort ; nous ne sommes point si sots que
votre bourgeois : puisqu'il voit que Saint-Denis est tout fait comme Paris, il faut qu'il ait
perdu la raison pour ne le pas croire habité ;
mais la Lune n'est point du tout faite comme
la Terre.

— Prenez garde, madame, repris-je ; car
s'il faut que la Lune ressemble en tout à la
Terre, vous voilà dans l'obligation de croire
la Lune habitée.

— J'avoue, répondit-elle, qu'il n'y aura pas
moyen de s'en dispenser, et je vous vois un
air de confiance qui me fait déjà peur. Les
deux mouvements de la Terre, dont je ne me
fusse jamais doutée, me rendent timide sur
tout le reste ; mais pourtant serait-il bien
possible que la Terre fût lumineuse comme la
Lune ? car il faut cela pour leur ressemblance.

— Hélas ! madame, répliquai-je, être lumineux n'est pas si grand'chose que vous pensez.
Il n'y a que le Soleil en qui cela soit une qualité considérable. Il est lumineux par lui-
même, et en vertu d'une nature particulière
qu'il a ; mais les planètes n'éclairent que
parce qu'elles sont éclairées de lui. Il envoie

sa lumière à la Lune ; elle nous la renvoie, et il faut que la Terre renvoie aussi à la Lune la lumière du Soleil : il n'y a pas plus loin de la Terre à la Lune que de la Lune à la Terre.

— Mais, dit la marquise, la Terre est-elle aussi propre que la Lune à renvoyer la lumière du Soleil ?

— Je vous vois toujours pour la Lune, repris-je, un reste d'estime dont vous ne sauriez vous défaire. La lumière est composée de petites balles qui bondissent sur ce qui est solide, et retournent d'un autre côté, au lieu qu'elles passent au travers de ce qui leur présente des ouvertures en ligne droite, comme l'air ou le verre. Ainsi, ce qui fait que la Lune nous éclaire, c'est qu'elle est un corps dur et solide, ce qui nous renvoie ces petites balles. Or, je crois que vous ne contesterez pas à la Terre cette même dureté et cette même solidité. Admirez donc ce que c'est que d'être posté avantageusement. Parce que la Lune est éloignée de nous, nous ne la voyons que comme un corps lumineux, et nous ignorons que ce soit une grosse massse semblable à la Terre. Au contraire, parce que la Terre a le malheur que nous la voyons de trop près, elle ne nous paraît qu'une grosse masse, propre seulement à fournir de la pâture aux animaux, et nous ne nous apercevons pas qu'elle est lumineuse, faute de nous pouvoir mettre à quelque distance d'elle.

Il en irait donc de la même manière, dit la

marquise, que lorsque nous sommes frappés de l'éclat des conditions élevées au-dessus des nôtres, et que nous ne voyons pas qu'au fond elles se ressemblent toutes extrêmement.

— C'est la même chose, répondis-je. Nous voulons juger de tout, et nous sommes toujours dans un mauvais point de vue. Nous voulons juger de nous, nous en sommes trop près ; nous voulons juger des autres, nous en sommes trop loin. Qui serait entre la Lune et la Terre, ce serait la vraie place pour les bien voir. Il faudrait être simplement spectateur du monde, et non pas habitant.

— Je ne me consolerai jamais, dit-elle, de l'injustice que nous faisons à la Terre, et de la préoccupation trop favorable où nous sommes pour la Lune, si vous ne m'assurez que les gens de la Lune ne connaissent pas mieux leurs avantages que nous les nôtres, et qu'ils prennent notre Terre pour un astre, sans savoir que leur habitation en est une aussi.

— Pour cela, repris-je, je vous le garantis. Nous leur paraissons faire assez régulièrement nos fonctions d'astre. Il est vrai qu'ils ne nous voient pas décrire un cercle autour d'eux ; mais il n'importe, voici ce que c'est. La moitié de la Lune, qui se trouva tournée vers nous au commencement du monde, y a toujours été tournée depuis ; elle ne nous présente jamais que ces yeux, cette bouche et le reste de ce visage que notre imagination lui pose sur le fondement des taches qu'elle nous montre. Si l'autre moitié opposée se présentait à nous, d'autres taches, différemment arrangées, nous feraient sans doute imaginer quelque autre figure. Ce n'est pas que la Lune ne tourne sur elle-même; elle y tourne en autant de temps qu'autour de la Terre, c'est-à-dire en un mois: mais lorsqu'elle fait une partie de ce tour sur elle-même, et qu'il devrait se cacher à nous une joue, par exemple, de ce prétendu visage, et paraître quelque autre chose, elle fait justement une semblable partie de son cercle autour de la Terre; et, se mettant dans un nouveau point de vue, elle nous montre encore cette même joue. Ainsi la Lune, qui, à l'égard du Soleil et des autres astres, tourne sur elle-même, n'y tourne point à notre égard. Ils lui paraissent tous se lever et se coucher en l'espace de quinze jours; mais pour notre Terre, elle la voit toujours suspendue au même endroit du ciel. Cette immobilité apparente ne convient guère à un corps qui doit passer pour un astre, mais aussi elle n'est pas parfaite. La Lune a un certain balancement qui fait qu'un petit coin du visage se cache quelquefois, et qu'un petit coin de la moitié opposée se montre. Or, elle ne manque pas, sur ma parole, de nous attribuer ce tremblement, et de s'imaginer que nous avons dans le ciel comme un mouvement de pendule qui va et vient.

— Toutes ces planètes, dit la marquise, sont faites comme nous, qui rejetons toujours sur les autres ce qui est en nous-mêmes. La Terre dit : *Ce n'est pas moi qui tourne, c'est le Soleil.* La Lune dit : *Ce n'est pas moi qui tremble, c'est la Terre.* Il y a bien de l'erreur partout.

— Je ne vous conseille pas d'entreprendre d'y rien réformer, répondis-je ; il vaut mieux que vous acheviez de vous convaincre de l'entière ressemblance de la Terre et de la Lune. Représentez-vous ces deux grandes boules suspendues dans les cieux. Vous savez que le Soleil éclaire toujours une moitié des corps qui sont ronds, et que l'autre moitié est dans l'ombre. Il y a donc toujours une moitié, tant de la Terre que de la Lune, qui est éclairée du Soleil, c'est-à-dire qui a le jour, et une autre moitié qui est dans la nuit. Remarquez d'ailleurs que, comme une balle a moins de force et de vitesse après qu'elle a été donner contre une muraille qui l'a renvoyée d'un autre côté, de même la lumière s'affaiblit lorsqu'elle a été réfléchie par quelque corps. Cette lumière blanchâtre qui nous vient de la Lune est la lumière même du Soleil ; mais elle ne peut venir de la Lune à nous que par une réflexion. Elle a donc perdu de la force et de la vivacité qu'elle avait lorsqu'elle était reçue directement sur la Lune ; et cette lumière éclatante que nous recevons du Soleil, et que la Terre réfléchit sur la Lune, ne doit plus être qu'une lumière blanchâtre quand elle y est arrivée. Ainsi, ce qui nous paraît lumineux dans la Lune, et qui nous éclaire pendant nos nuits, ce sont des parties de la Lune qui ont le jour; et les parties de la Terre qui ont le jour, lorsqu'elles sont tournées vers les parties de la Lune qui ont la nuit, les éclairent aussi. Tout dépend de la manière dont la Lune et la Terre se regardent. Dans les premiers jours du mois que l'on ne voit pas la Lune, c'est qu'elle est entre le Soleil et nous, et qu'elle marche de jour avec le Soleil. Il faut nécessairement que toute sa moitié qui a le jour soit tournée vers le Soleil, et que toute sa moitié qui a la nuit soit tournée vers nous. Nous n'avons garde de voir cette moitié qui n'a aucune lumière pour se faire voir; mais cette moitié de la Lune qui a la nuit, étant tournée vers la moitié de la Terre qui a le jour, nous voit sans être vue, et nous voit sous la même figure que nous voyons la pleine Lune. C'est alors pour les gens de la Lune *pleine terre*, s'il est permis de parler ainsi. Ensuite la Lune, qui avance sur son cercle d'un mois, se dégage de dessous le Soleil, et commence à tourner vers nous un petit coin de sa moitié éclairée, et voilà le croissant. Alors aussi les parties de la Lune qui ont la nuit commencent à ne plus voir toute la moitié de la Terre qui a le jour, et nous sommes en décours pour elles.

— Il n'en faut pas davantage, dit brusquement la marquise, je saurai tout le reste quand il me plaira; je n'ai qu'à y penser un moment, et qu'à promener la Lune sur son cercle d'un mois. Je vois en général que dans la Lune ils ont un mois à rebours du nôtre, et je gage que quand nous avons pleine Lune, c'est que toute la moitié lumineuse de la Lune est tournée vers toute la moitié obscure de la Terre; qu'alors ils ne nous voient point du tout, et qu'ils comptent *nouvelle terre*. Je ne voudrais pas qu'il me fût reproché de m'être fait expliquer tout au long une chose si aisée. Mais les éclipses, comment vont-elles?

— Il ne tient qu'à vous de le deviner, répondis-je. Quand la Lune est nouvelle, qu'elle est entre le Soleil et nous, et que toute sa moitié obscure est tournée vers nous, qui avons le jour, vous voyez bien que l'ombre de cette moitié obscure se jette vers nous. Si la Lune est justement sous le Soleil, cette ombre nous le cache, et en même temps noircit une partie de cette moitié lumineuse de la Terre qui était vue par la moitié obscure de la Lune. Voilà donc une éclipse de Soleil pour nous pendant notre jour, et une éclipse de Terre pour la Lune pendant la nuit. Lorsque la Lune est pleine, la Terre est entre elle et le Soleil, et toute la moitié obscure de la

Terre est tournée vers toute la moitié lumineuse de la Lune. L'ombre de la Terre se jette donc vers la Lune ; si elle tombe sur le corps de la Lune, elle noircit cette moitié lumineuse que nous voyons, et à cette moitié lumineuse qui avait le jour elle lui dérobe le Soleil. Voilà donc une éclipse de Lune pendant notre nuit, et une éclipse de Soleil pour la Lune pendant le jour dont elle jouissait. Ce qui fait qu'il n'arrive pas des éclipses toutes les fois que la Lune est entre le Soleil et la Terre, ou la Terre entre le Soleil et la Lune, c'est que souvent ces trois corps ne sont pas exactement rangés en ligne droite, et que par conséquent celui qui devrait faire l'éclipse jette son ombre un peu à côté de celui qui en devrait être couvert.

— Je suis fort étonnée, dit la marquise, qu'il y ait si peu de mystère aux éclipses, et que tout le monde n'en devine pas la cause.

— Ah ! vraiment, répondis-je, il y a bien des peuples qui, de la manière dont ils s'y prennent, ne la devineront encore de longtemps. Dans toutes les Indes orientales on croit que quand le Soleil et la Lune s'éclipsent, c'est qu'un certain dragon, qui a les griffes fort noires, les étend sur ces astres dont il veut se saisir ; et vous voyez pendant ce temps-là les rivières couvertes de têtes d'Indiens qui se sont mis dans l'eau jusqu'au cou, parce que c'est une situation très dévote zelon eux, et très propre à obtenir du Soleil et de la Lune qu'ils se défendent bien contre le dragon. En Amérique, on était persuadé que le Soleil et la Lune étaient fâchés quand ils s'éclipsaient, et Dieu sait ce qu'on ne faisait pas pour se raccommoder avec eux. Mais les Grecs, qui étaient si raffinés, n'ont-ils pas cru longtemps que la Lune était ensorcelée, et que des magiciennes la faisaient descendre du ciel pour jeter sur les herbes une certaine écume malfaisante? Et nous, n'eûmes-nous pas belle peur, il n'y a que trente-deux ans (en 1654), à une certaine éclipse de Soleil, qui à la vérité fut totale? Une infinité de gens ne se tinrent-ils pas enfermés dans des caves? et les philosophes qui écrivirent pour nous rassurer n'écrivirent-ils pas en vain ou à peu près? ceux qui s'étaient réfugiés dans les caves en sortirent-ils?

— En vérité, reprit-elle, tout cela est trop honteux pour les hommes; il devrait y avoir un arrêt du genre humain qui défendît qu'on parlât jamais d'éclipse, de peur que l'on ne conserve la mémoire des sottises qui ont été faites ou dites sur ce chapitre-là.

— Il faudrait donc, répliquai-je, que le même arrêt abolît la mémoire de toutes choses, et défendît qu'on parlât jamais de rien; car je ne sache rien au monde qui ne soit le monument de quelque sottise des hommes.

— Dites-moi, je vous prie, une chose, dit

la marquise ; ont-ils autant de peur des éclipses dans la Lune que nous en avons ici ? Il me paraîtrait tout à fait burlesque que les Indiens de ce pays-là se missent à l'eau comme les nôtres ; que les Américains crussent notre terre fâchée contre eux, que les Grecs s'imaginassent que nous fussions ensorcelés, et que nous allassions gâter leurs herbes, et qu'enfin nous leur rendissions la consternation qu'ils causent ici-bas.

— Je n'en doute nullement, répondis-je. Je voudrais bien savoir pourquoi messieurs de la Lune auraient l'esprit plus fort que nous. De quel droit nous feraient-ils peur sans que nous leur en fassions ? Je croirais même, ajoutai-je en riant, que, comme un nombre prodigieux d'hommes ont été assez fous et le sont encore assez pour adorer la Lune, il y a des gens dans la Lune qui adorent aussi la Terre, et que nous sommes à genoux les uns devant les autres.

— Après cela, dit-elle, nous pouvons bien prétendre à envoyer des influences à la Lune, et donner des crises à ses malades ; mais comme il ne faut qu'un peu d'esprit et d'habileté dans les gens de ce pays-là pour détruire tous ces honneurs dont nous nous flattons, j'avoue que je crains toujours que nous n'ayons quelque désavantage.

— Ne craignez rien, répondis-je ; il n'y a pas d'apparence que nous soyons la seule sotte espèce de l'univers. L'ignorance est quelque chose de bien propre à être généralement répandu : quoique je ne fasse que deviner celle des gens de la Lune, je n'en doute non plus que des nouvelles les plus sûres qui nous viennent de là.

— Et quelles sont ces nouvelles sûres? interrompit-elle.

— Ce sont celles, répondis-je, qui nous sont rapportées par ces savants qui y voyagent tous les jours avec des lunettes d'approche. Ils vous diront qu'ils y ont découvert des terres, des mers, des lacs, de très hautes montagnes, des abîmes très profonds.

— Vous me surprenez, reprit-elle. Je conçois bien qu'on peut découvrir sur la Lune des montagnes et des abîmes ; cela se reconnaît apparemment à des inégalités remarquables : mais comment distinguer des terres et des mers?

— On les distingue, répondis-je, parce que les eaux, qui laissent passer au travers d'elles-mêmes une partie de la lumière, et qui en renvoient moins, paraissent de loin comme des taches obscures, et que les terres, qui, par leur solidité, la renvoient toute, sont des endroits plus brillants. L'illustre M. Cassini, l'homme du monde à qui le ciel est le mieux connu, a découvert sur la Lune quelque chose qui se sépare en deux, se réunit ensuite, et va se perdre dans une espèce de puits. Nous pouvons nous flatter, avec bien de l'apparence, que c'est une rivière. Enfin, on connaît assez toutes ces différentes parties pour leur avoir donné des noms, et ce sont souvent des noms de savants. Un endroit s'appelle *Copernic*, un autre *Archimède*, un autre *Galilée*; il y a un promontoire des *Songes*, une mer des *Pluies*, une mer de *Nectar*, une mer de *Crises*; enfin, la description de la Lune est si exacte, qu'un savant qui s'y trouverait présentement ne s'y égarerait non plus que je ferais dans Paris.

— Mais, reprit-elle, je serais bien aise de savoir encore plus en détail comment est fait le dedans du pays.

— Il n'est pas possible, répliquai-je, que messieurs de l'Observatoire vous en instruisent; il faut le demander à Astolfe, qui fut conduit dans la Lune par saint Jean. Je vous parle d'une des plus agréables folies de l'Arioste, et je suis sûr que vous serez bien aise de la savoir. J'avoue qu'il eût mieux fait de n'y pas mêler saint Jean, dont le nom est si digne de respect; mais enfin c'est une licence poétique, qui peut seulement passer pour un peu trop gaie. Cependant tout le poëme est dédié à un cardinal, et un grand pape l'a honoré d'une approbation éclatante que l'on voit au devant de quelques éditions. Voici de quoi il s'agit. Roland, neveu de Charlemagne, était devenu fou, parce que la belle Angélique lui avait préféré Médor. Un jour Astolfe, brave paladin, se trouva dans le paradis terrestre, qui était sur la cime d'une montagne très haute, où son hippogriffe l'avait porté. Là il rencontra saint Jean, qui lui dit que, pour guérir la folie de Roland, il était nécessaire qu'ils fissent ensemble le voyage de la Lune. Astolfe, qui ne demandait qu'à voir du pays, ne se fait point prier, et aussitôt voilà un chariot de feu qui enlève par les airs l'apôtre et le paladin. Comme Astolfe n'était pas grand philosophe, il fut fort surpris de voir la Lune beaucoup plus grande qu'elle ne lui avait paru de dessus la Terre. Il fut bien plus surpris encore de voir d'autres fleuves, d'autres lacs, d'autres montagnes, d'autres villes, d'autres forêts, et, ce qui m'aurait bien surpris aussi, des nymphes qui chassaient dans ces forêts. Mais ce qu'il vit de plus rare dans la Lune, c'était un vallon où se trouvait tout ce qui se perdait sur la Terre, de quelque espèce qu'il fût, et les couronnes, et les richesses, et la renommée, et une infinité d'espérances, et le temps qu'on donne au jeu, et les aumônes qu'on fait faire après sa mort, et les vers qu'on présente aux princes, et les soupirs des amants.

— Pour les soupirs des amants, interrompit la marquise, je ne sais pas si du temps de l'Arioste ils étaient perdus; mais, en ce temps-ci, je n'en connais point qui aillent dans la Lune.

— N'y eût-il que vous, madame, repris-je,
vous y en avez fait aller un assez bon nombre. Enfin, la Lune est si exacte à recueillir
ce qui se perd ici-bas, que tout y est; mais
l'Arioste ne vous dit cela qu'à l'oreille, tout y
est, jusqu'à la donation de Constantin. C'est
que les papes ont prétendu être maîtres de
Rome et de l'Italie, en vertu d'une donation
que l'empereur Constantin leur en avait faite;
et la vérité est qu'on ne saurait dire ce
qu'elle est devenue. Mais devinez de quelle
sorte de chose on ne trouve point dans la
Lune? de la folie. Tout ce qu'il y en a jamais
eu sur la Terre s'y est très bien conservé. En
récompense, il n'est pas croyable combien il
y a dans la Lune d'esprits perdus. Ce sont
autant de fioles pleines d'une liqueur fort
subtile, et qui s'évapore aisément si elle n'est
enfermée; et sur chacune de ces fioles est
écrit le nom de celui à qui l'esprit appartient.
Je crois que l'Arioste les met toutes en un
tas; mais j'aime mieux me figurer qu'elles
sont rangées bien proprement dans de longues galeries. Astolfe fut fort étonné de voir
que les fioles de beaucoup de gens, qu'il avait
crus très sages, étaient pourtant bien pleines; et pour moi je suis persuadé que la
mienne s'est remplie considérablement depuis
que je vous entretiens de visions, tantôt philosophiques, tantôt poétiques. Mais ce qui me
console, c'est qu'il n'est pas possible que, par

tout ce que je vous dis, je ne vous fasse avoir
bientôt aussi une petite fiole dans la Lune.
Le bon paladin ne manqua pas de trouver la
sienne parmi tant d'autres. Il s'en saisit, avec
la permission de saint Jean, et reprit tout
son esprit par le nez comme de l'eau de la
reine de Hongrie; mais l'Arioste dit qu'il ne
le porta pas bien loin, et qu'il le laissa retourner dans la Lune par une folie qu'il fit à
quelque temps de là. Il n'oublia pas la fiole
de Roland, qui était le sujet du voyage. Il
eut assez de peine à la porter; car l'esprit de
ce héros était de sa nature assez pesant, et
il n'y en manquait pas une seule goutte. Ensuite l'Arioste, selon sa louable coutume de
dire tout ce qu'il lui plaît, apostrophe sa
maîtresse, et lui dit, en de fort beaux vers :
« Qui montera aux cieux, ma belle, pour en
rapporter l'esprit que vos charmes m'ont fait
perdre? Je ne me plaindrais pas de cette
perte-là, pourvu qu'elle n'allât pas plus loin;
mais s'il faut que la chose continue comme
elle a commencé, je n'ai qu'à m'attendre à
devenir tel que j'ai décrit Roland. Je ne crois
pourtant pas que, pour ravoir mon esprit, il
soit besoin que j'aille par les airs jusque dans
la Lune; mon esprit ne loge pas si haut; il va
errant sur vos yeux, sur votre bouche, et si
vous voulez bien que je m'en ressaisisse, per-
mettez que je le recueille avec mes lèvres. »
Cela n'est-il pas joli? Pour moi, à raisonner

comme l'Arioste, je serais d'avis qu'on ne perdît jamais l'esprit que par l'amour; car vous voyez qu'il ne va pas bien loin, et qu'il ne faut que des lèvres qui sachent le recouvrer: mais quand on le perd par d'autres voies, comme nous le perdons, par exemple, à philosopher présentement, il va droit dans la Lune, et on ne le rattrape pas quand on veut.

— En récompense, répondit la marquise, nos fioles seront honorablement dans le quartier des fioles philosophiques; au lieu que nos esprits iraient peut-être errants sur quelqu'un qui n'en serait pas digne. Mais pour achever de m'ôter le mien, dites-moi, et dites-moi bien sérieusement si vous croyez qu'il y ait des hommes dans la Lune; car jusqu'à présent vous ne m'en avez pas parlé d'une manière assez positive.

— Moi? repris-je, je ne crois point du tout qu'il y ait des hommes dans la Lune. Voyez combien la face de la nature est changée d'ici à la Chine: d'autres visages, d'autres figures, d'autres mœurs et presque d'autres principes de raisonnement. D'ici à la Lune, le changement doit être plus considérable. Quand on va vers de certaines terres nouvellement découvertes, à peine sont-ce des hommes que les habitants qu'on y trouve; ce sont des animaux à figure humaine, encore quelquefois assez imparfaite, mais presque sans aucune raison humaine. Qui pourrait pousser jusqu'à la Lune, assurément ce ne seraient plus des hommes qu'on y trouverait.

— Quelles sortes de gens seraient-ce donc? reprit la marquise avec un air d'impatience.

— De bonne foi, madame, répliquai-je, je n'en sais rien. S'il se pouvait faire que nous eussions de la raison, et que nous ne fussions pourtant pas hommes, et si d'ailleurs nous habitions la Lune, nous imaginerions-nous bien qu'il y eût ici-bas cette espèce bizarre de créatures qu'on appelle le genre humain? Pourrions-nous bien nous figurer quelque chose qui y eût des passions si folles, et des réflexions si sages; une durée si courte, et des vues si longues; tant de science sur des choses presque inutiles, et tant d'ignorance sur les plus importantes; tant d'ardeur pour la liberté, et tant d'inclination à la servitude; une si forte envie d'être heureux, et une si grande incapacité de l'être? Il faudrait que les gens de la Lune eussent bien de l'esprit s'ils devinaient tout cela. Nous nous voyons incessamment nous-mêmes, et nous en sommes encore à deviner comment nous sommes faits. On a été réduit à dire que les dieux étaient ivres de nectar lorsqu'ils firent les hommes, et que, quand ils vinrent à regarder leur ouvrage de sang-froid, ils ne purent s'empêcher d'en rire.

— Nous voilà donc bien en sûreté du côté des

gens de la Lune, dit la marquise; ils ne nous devineront pas : mais je voudrais que nous les puissions deviner; car, en vérité, cela inquiète de savoir qu'ils sont là-haut dans cette Lune que nous voyons, et de ne pouvoir pas se figurer comment ils sont faits.

— Et pourquoi, répondis-je, n'avez-vous point d'inquiétude sur les habitants de cette grande terre australe qui nous est encore entièrement inconnue? Nous sommes portés, eux et nous, sur un même vaisseau, dont ils occupent la proue et nous la poupe. Vous voyez que de la poupe à la proue il n'y a aucune communication, et qu'à un bout du navire on ne sait point quelles gens sont à l'autre, ni ce qu'ils y font; et vous voudriez savoir ce qui se passe dans la Lune, dans cet autre vaisseau qui flotte loin de nous par les cieux?

— Oh! reprit-elle, je compte les habitants de la terre australe pour connus, parce qu'assurément ils doivent nous ressembler beaucoup, et qu'enfin on les connaîtra quand on voudra se donner la peine de les aller voir; ils demeureront toujours là, et ne nous échapperont pas : mais ces gens de la Lune on ne les connaîtra jamais, cela est désespérant.

— Si je vous répondais sérieusement, répliquai-je, qu'on ne sait ce qui arrivera, vous vous moqueriez de moi, et je le mériterais sans doute; cependant, je me défendrais assez bien si je voulais. J'ai une pensée très ridicule qui a un air de vraisemblance qui me surprend; je ne sais où elle peut l'avoir pris, étant aussi impertinente qu'elle est. Je gage que je vais vous réduire à avouer, contre toute raison, qu'il pourra y avoir un jour du commerce entre la Terre et la Lune. Remettez-vous dans l'esprit l'état où était l'Amérique avant qu'elle eût été découverte par Christophe Colomb. Ses habitants vivaient dans une ignorance extrême. Loin de connaître les sciences, ils ne connaissaient pas les arts les plus simples et les plus nécessaires; ils allaient nus; ils n'avaient point d'autres armes que l'arc; ils n'avaient jamais conçu que les hommes pussent être portés par des animaux; ils regardaient la mer comme un grand espace défendu aux hommes, qui se joignait au ciel, et au delà duquel il n'y avait rien. Il est vrai qu'après avoir passé des années entières à creuser le tronc d'un gros arbre avec des pierres tranchantes, ils se mettaient sur la mer dans ce tronc, et allaient terre à terrre, portés par le vent et par les flots. Mais comme ce vaisseau était sujet à être souvent renversé, il fallait qu'ils se missent aussitôt à la nage pour le rattraper; et, à proprement parler, ils nageaient toujours, hormis le temps qu'ils se délassaient. Qui leur eût dit qu'il y avait une sorte de navigation incomparablement plus parfaite, qu'on pouvait traverser cette étendue infinie d'eau, de tel côté et de tel sens qu'on voulait; qu'on s'y pouvait arrêter sans mouvement au milieu des flots émus; qu'on était maître de la vitesse avec laquelle on allait; qu'enfin cette mer, quelque vaste qu'elle fût, n'était point un obstacle à la communication des peuples, pourvu seulement qu'il y eût des peuples au delà : vous pouvez compter qu'ils ne l'eussent jamais cru. Cependant voilà, un beau jour, le spectacle du monde le plus étrange et le moins attendu qui se présente à eux. De grands corps énormes qui paraissent avoir des ailes blanches, qui volent sur la mer, qui vomissent du feu de toutes parts, et qui viennent jeter sur le rivage des gens inconnus, tout écaillés de fer, disposant comme ils veulent des monstres qui courent sous eux, et tenant en leur main des foudres dont ils terrassent tout ce qui leur résiste. D'où sont-ils venus? qui a pu les amener par-dessus les mers? qui a mis le feu en leur disposition? Sont-ce les enfants du Soleil? car assurément ce ne sont pas des hommes. Je ne sais, madame, si vous entrez comme moi dans la surprise des Américains; mais jamais il ne peut y en avoir eu une pareille dans le monde. Après cela, je ne veux plus jurer qu'il ne puisse y avoir commerce quelque jour entre la Lune et la Terre. Les Américains eussent-ils cru qu'il eût dû y en avoir entre l'Amérique et l'Europe, qu'ils ne connaissaient seulement pas? Il est vrai qu'il faudra traverser ce grand espace d'air et de ciel, qui est entre la Terre et la Lune. Mais ces grandes mers paraissaient-elles aux Américains, plus propres à être traversées?

— En vérité, dit la marquise en me regardant, vous êtes fou.

— Qui vous dit le contraire? répondis-je.

— Mais je veux vous le prouver, reprit-elle; je ne me contente pas de l'aveu que vous en faites. Les Américains étaient si ignorants, qu'ils n'avaient garde de soupçonner qu'on pût se faire des chemins au travers des mers si vastes; mais nous, qui avons tant de connaissance, nous nous figurerions bien qu'on pût aller par les airs, si l'on pouvait effectivement y aller.

— On fait plus que se figurer la chose possible, répliquai-je; on commence déjà à voler un peu. Plusieurs personnes différentes ont trouvé le secret de s'ajuster des ailes qui les soutinssent en l'air, de leur donner du mouvement, et de passer par-dessus les rivières. A la vérité, ce n'a pas été un vol d'aigle, et il en a quelquefois coûté à ces nouveaux oiseaux un bras ou une jambe; mais enfin cela ne représente encore que les premières planches que l'on a mises sur l'eau, et qui ont été le commencement de la navigation. De ces planches-là il y avait bien loin jusqu'à de gros navires. L'art de voler ne fait que de naître; il se perfectionnera encore, et quelque jour on ira jusqu'à la Lune. Prétendons-nous avoir découvert toutes choses, ou les avoir mises à un point qu'on n'y puisse rien ajouter? Eh! de grâce, consentons qu'il y ait encore quelque chose à faire pour les siècles à venir.

— Je ne consentirai point, dit-elle, qu'on vole jamais que d'une manière à se rompre aussitôt le cou.

— Eh bien! répondis-je, si vous voulez qu'on vole toujours si mal ici, on volera mieux dans la Lune; ses habitants seront plus propres que nous à ce métier, car il n'importe que nous allions là, ou qu'ils viennent ici; et nous serons comme les Américains, qui ne se figuraient pas qu'on pût naviguer, quoiqu'à l'autre bout du monde on naviguât fort bien.

— Les gens de la Lune seraient donc déjà venus? reprit-elle presque en colère.

— Les Européens n'ont été en Amérique qu'au bout de six mille ans, répliquai-je en éclatant de rire; il leur fallut ce temps-là pour perfectionner la navigation jusqu'au point de pouvoir traverser l'Océan. Les gens de la Lune savent peut-être déjà faire des petits voyages dans l'air: à l'heure qu'il est ils s'exercent; quand ils seront plus habiles et plus expérimentés, nous les verrons, et Dieu sait quelle surprise.

— Vous êtes insupportable, dit-elle, de me pousser à bout avec un raisonnement aussi creux que celui-là.

— Si vous me fâchez, repris-je, je sais bien ce que j'ajouterai encore pour le fortifier. Remarquez que le monde se développe peu à peu. Les anciens se tenaient bien sûrs que la zone torride et les zones glaciales ne pouvaient être habitées, à cause de l'excès ou du chaud ou du froid; et du temps des Romains, la carte générale de la Terre n'était guère plus étendue que la carte de leur empire, ce qui avait de la grandeur en un sens, et marquait beaucoup d'ignorance en un autre. Cependant il ne laissa pas de se trouver des hommes, et dans des pays très chauds, et dans des pays très froids : voilà déjà le monde augmenté ; ensuite, on jugea que l'Océan couvrait toute la Terre, hormis ce qui était connu alors, et qu'il n'y avait point d'antipodes ; car on n'en avait jamais ouï parler ; et puis, auraient-ils eu les pieds en haut et la tête en bas ? Après ce beau raisonnement, on découvre pourtant les antipodes. Nouvelle réformation à la carte, nouvelle moitié de la Terre. Vous m'entendez bien, madame, ces antipodes-là, qu'on a trouvés, contre toute espérance, devraient nous apprendre à être retenus dans nos jugements. Le monde achèvera peut-être de se développer pour nous, on connaîtra jusqu'à la Lune. Nous n'en sommes pas encore là, parce que toute la Terre n'est pas découverte, et qu'apparemment il faut que tout cela se fasse d'ordre. Quand nous aurons bien connu notre habitation, il nous sera permis de connaître celle de nos voisins, les gens de la Lune.

— Sans mentir, dit la marquise en me regardant attentivement, je vous trouve si profond sur cette matière, qu'il n'est pas possible que vous ne croyiez tout de bon ce que vous dites.

— J'en serais bien fâché, répondis-je ; je veux seulement vous faire voir qu'on peut assez bien soutenir une opinion chimérique pour embarrasser une personne d'esprit, mais non pas assez pour la persuader. Il n'y a que la vérité qui persuade, même sans avoir besoin de paraître avec toutes les preuves. Elle entre si naturellement dans l'esprit, que quand on l'apprend pour la première fois, il semble qu'on ne fasse que s'en souvenir.

— Ah ! vous me soulagez, répliqua la marquise ; votre faux raisonnement m'incommodait, et je me sens plus en état d'aller me coucher tranquillement, si vous voulez bien que nous nous retirions.

TROISIÈME SOIR. — Particularités du monde de la Lune. Que les autres planètes sont habitées aussi.

La marquise voulut m'engager pendant le jour à poursuivre nos entretiens ; mais je lui représentai que nous ne devions confier de telles rêveries qu'à la Lune et aux étoiles, puisque aussi bien elles en étaient l'objet. Nous ne manquâmes pas à aller le soir dans le parc, qui devenait un lieu consacré à nos conversations savantes.

— J'ai bien des nouvelles à vous apprendre, lui dis-je ; la Lune, que je vous disais hier, qui, selon toutes les apparences, était habitée, pourrait bien ne l'être point ; j'ai pensé à une chose qui met ses habitants en péril.

— Je ne souffrirai point cela, répondit-elle. Hier, vous m'avez préparée à voir ces gens-là venir ici au premier jour, et aujourd'hui ils ne seraient seulement pas au monde ? Vous ne vous jouerez point ainsi de moi. Vous m'avez fait croire les habitants de la Lune, j'ai surmonté la peine que j'y avais ; je les croirai.

— Vous allez bien vite, repris-je ; il faut ne donner que la moitié de son esprit aux choses de cette espèce que l'on croit, et en réserver une autre moitié libre où le contraire puisse être admis s'il en est besoin.

— Je ne me paye point de sentences, répliqua-t-elle; allons au fait.

— Ne faut-il pas raisonner de la Lune comme de Saint-Denis?

— Non, répondis-je, la Lune ne ressemble pas autant à la Terre que Saint-Denis ressemble à Paris. Le Soleil élève de la Terre et des eaux des exhalaisons et des vapeurs qui, montant en l'air jusqu'à quelque hauteur, s'y assemblent et forment les nuages. Ces nuages, suspendus, voltigent irrégulièrement autour de notre globe, et ombragent tantôt un pays, tantôt un autre. Qui verrait la Terre de loin remarquerait souvent quelques changements sur sa surface, parce qu'un grand pays couvert par des nuages serait un endroit obscur, et deviendrait plus lumineux dès qu'il serait découvert. On verrait des taches qui changeraient de place, ou s'assembleraient diversement, ou disparaîtraient tout à fait. On verrait donc aussi ces mêmes changements sur la surface de la Lune, si elle avait des nuages autour d'elle; mais, tout au contraire, toutes ses taches sont fixes, ses endroits lumineux le sont toujours, et voilà le malheur. A ce compte-là, le Soleil n'élève point de vapeurs ni d'exhalaisons de dessus la Lune. C'est donc un corps infiniment plus dur et plus solide que notre Terre, dont les parties les plus subtiles se dégagent aisément d'avec les autres, et montent en haut dès qu'elles sont mises en mouvement par la chaleur. Il faut que ce soient quelques amas de rochers et de marbres, où il ne se fait point d'évaporation; d'ailleurs, elles se font si naturellement et si nécessairement où il y a des eaux, qu'il ne doit point y avoir d'eaux où il ne s'en fait point. Qui sont donc les habitants de ces rochers qui ne peuvent rien produire, et de ce pays qui n'a point d'eaux?

— Eh quoi ! s'écria-t-elle, il ne vous souvient plus que vous m'avez assuré qu'il y avait dans la Lune des mers que l'on distinguait d'ici?

— Ce n'est qu'une conjecture, répondis-je, j'en suis bien fâché. Ces endroits obscurs, qu'on prend pour des mers, ne sont peut-être que de grandes cavités. De la distance où nous sommes, il est permis de ne pas deviner tout à fait juste.

— Mais, dit-elle, cela suffira-t-il pour nous faire abandonner les habitants de la Lune?

— Non pas tout à fait, madame, répondis-je; nous ne nous déterminerons ni pour eux ni contre eux.

— Je vous avoue ma faiblesse, répliqua-t-elle; je ne suis point capable d'une si parfaite détermination ; j'ai besoin de croire. Fixez-moi promptement à une opinion sur les habitants de la Lune; conservons-les ou anéantissons-les pour jamais, et qu'il n'en soit plus parlé; mais conservons-les plutôt, s'il se peut;

j'ai pris pour eux une inclination que j'aurais de la peine à perdre.

— Je ne laisserai donc pas la Lune déserte, repris-je; repeuplons-la pour vous faire plaisir. A la vérité, puisque l'apparence des taches de la Lune ne change point, on ne peut pas croire qu'elle ait des nuages autour d'elle qui ombragent tantôt une partie, tantôt une autre; mais ce n'est pas à dire qu'elle ne pousse point hors d'elle de vapeurs ni d'exhalaisons. Nos nuages, que nous voyons portés en l'air, ne sont que des exhalaisons et des vapeurs qui, au sortir de la Terre, étaient séparées en trop petites parties pour pouvoir être vues, et qui ont rencontré un peu plus haut un froid qui les a resserrées et rendues visibles par la réunion de leurs parties; après quoi ce sont de gros nuages qui flottent en l'air, où ils sont des corps étrangers, jusqu'à ce qu'ils retombent en pluies. Mais ces mêmes vapeurs et ces mêmes exhalaisons se tiennent quelquefois assez dispersées pour être imperceptibles, et ne se ramassent qu'en formant des rosées très subtiles qu'on ne voit tomber d'aucune nuée. Je suppose donc qu'il sorte des vapeurs de la Lune, car enfin il faut qu'il en sorte; il n'est pas croyable que la Lune soit une masse dont toutes les parties soient d'une égale solidité, toutes également en repos les unes auprès des autres, toutes incapables de recevoir aucun changement par l'action du

Soleil sur elles. Nous ne connaissons aucun corps de cette nature ; les marbres mêmes n'en sont pas : tout ce qui est le plus solide change et s'altère, ou par le mouvement secret et invisible qu'il a en lui-même, ou par celui qu'il reçoit de dehors. Mais les vapeurs de la Lune ne se rassembleront point autour d'elle en nuages, et ne retomberont point sur elle en pluies ; elles ne formeront que des rosées. Il suffit pour cela que l'air, dont apparemment la Lune est environnée en son particulier comme notre Terre l'est du sien, soit un peu différent de notre air, et les vapeurs de la Lune un peu différentes des vapeurs de la Terre, ce qui est quelque chose de plus que vraisemblable. Sur ce pied-là, il faudra que, la matière étant disposée dans la Lune autrement que sur la Terre, les effets soient différents : mais il n'importe ; du moment que nous avons trouvé un mouvement intérieur dans les parties de la Lune, ou produit par des causes étrangères, voilà ses habitants qui renaissent, et nous avons le fonds nécessaire pour leur subsistance. Cela nous fournira des fruits, des blés, des eaux, et tout ce que nous voudrons. J'entends des fruits, des blés, des eaux à la manière de la Lune, que je fais profession de ne pas connaître, le tout proportionné aux besoins de ses habitants, que je ne connais pas non plus.

— C'est-à-dire, me dit la marquise, que

vous savez seulement que tout est bien, sans savoir comment il est. C'est beaucoup d'ignorance sur bien peu de science; mais il faut s'en consoler. Je suis encore trop heureuse que vous ayez rendu à la Lune ses habitants; je suis même fort contente que vous lui donniez un air qui l'enveloppe en son particulier; il me semblerait désormais que sans cela une planète serait trop nue.

— Ces deux airs différents, repris-je, contribuent à empêcher la communication des deux planètes. S'il ne tenait qu'à voler, que savons-nous, comme je vous disais hier, si on ne volera pas fort bien quelque jour ? J'avoue pourtant qu'il n'y a pas beaucoup d'apparence. Le grand éloignement de la Lune à la Terre serait encore une difficulté à surmonter qui est assurément considérable; mais, quand même elle ne s'y rencontrerait pas, quand même les deux planètes seraient fort proches, il ne serait pas possible de passer de l'air de l'une dans l'air de l'autre. L'eau est l'air des poissons; ils ne passent jamais dans l'air des oiseaux, ni les oiseaux dans l'air des poissons. Ce n'est pas la distance qui les en empêche; c'est que chacun a pour prison l'air qu'il respire. Nous trouvons que le nôtre est mêlé de vapeurs plus épaisses et plus grossières que celui de la Lune. A ce compte, un habitant de la Lune qui serait arrivé aux confins de notre monde se noierait dès qu'il entrerait

dans notre air, et nous le verrions tomber
mort sur la Terre.

— Oh! que j'aurais d'envie, s'écria la marquise, qu'il arrivât quelque grand naufrage,
qui répandît ici bon nombre de ces gens-là,
dont nous irions considérer à notre aise les
figures extraordinaires!

— Mais, répliquai-je, s'ils étaient assez habiles pour naviguer sur la surface extérieure
de notre air, et que de là, par la curiosité de
nous voir, ils nous pêchassent comme des
poissons, cela vous plairait-il?

— Pourquoi non? répondit-elle en riant.
Pour moi, je me mettrais de mon propre
mouvement dans leurs filets, seulement pour
avoir le plaisir de voir ceux qui m'auraient
pêchée.

— Songez, répliquai-je, que vous n'arrive-
riez que bien malade au haut de notre air; il
n'est pas respirable pour nous dans toute son
étendue, il s'en faut bien : on dit qu'il ne l'est
déjà presque plus au haut de certaines montagnes, et je m'étonne bien que ceux qui ont
la folie de croire que des génies corporels
habitent l'air le plus pur ne disent aussi que
ce qui fait que ces génies ne nous rendent
que des visites et très rares et très courtes,
c'est qu'il y en a peu d'entre eux qui sachent
plonger, et que ceux-là même ne peuvent
faire jusqu'au fond de cet air épais où nous
sommes que des plongeons de très peu de

durée. Voilà donc bien des barrières naturelles qui nous défendent la sortie de notre monde et l'entrée de celui de la Lune. Tâchons du moins, pour notre consolation, à deviner ce que nous pourrons de ce monde-là. Je crois, par exemple, qu'il faut qu'on y voie le ciel, le Soleil et les astres d'une autre couleur que nous ne les voyons. Tous ces objets ne nous paraissent qu'au travers d'une espèce de lunette naturelle, qui nous les change. Cette lunette, c'est notre air, mêlé comme il est de vapeurs et d'exhalaisons, et qui ne s'étend pas bien haut. Quelques modernes prétendent que de lui-même il est bleu, aussi bien que l'eau de la mer, et que cette couleur ne paraît, dans l'une et dans l'autre, qu'à une grande profondeur. Le ciel, disent-ils, où sont attachées les étoiles fixes, n'a de lui-même aucune lumière, et par conséquent il devrait paraître noir; mais on le voit au travers de l'air, qui est bleu, et il paraît bleu. Si cela est, les rayons du Soleil et des étoiles ne peuvent passer au travers de l'air sans se teindre un peu de sa couleur, et perdre autant de celle qui leur est naturelle. Mais quand même l'air ne serait pas coloré de lui-même, il est certain qu'au travers d'un gros brouillard la lumière d'un flambeau qu'on voit un peu de loin paraît toute rougeâtre, quoique ce ne soit pas sa vraie couleur; et notre air n'est non plus qu'un gros brouillard

qui nous doit altérer la vraie couleur, et du
ciel, et du Soleil, et des étoiles. Il n'appar-
tiendrait qu'à la matière céleste de nous ap-
porter la lumière et les couleurs dans toute
leur pureté, et telles qu'elles sont. Ainsi,
puisque l'air de la Lune est d'une autre nature que notre air, ou il est teint en lui-
même d'une autre couleur, ou du moins c'est
un autre brouillard qui cause une autre alté-
ration aux couleurs des corps célestes. Enfin,
à l'égard des gens de la Lune, cette lunette,
au travers de laquelle on voit tout, est changée.

— Cela me fait préférer notre séjour à
celui de la Lune, dit la marquise; je ne sau-
rais croire que l'assortiment des couleurs
célestes y soit aussi beau qu'il l'est ici. Mettons, si vous voulez, un ciel rouge et des
étoiles vertes, l'effet n'est pas si agréable que
les étoiles couleur d'or sur du bleu.

— On dirait, à vous entendre, repris-je,
que vous assortiriez un habit ou un meuble :
mais, croyez-moi, la nature a bien de l'esprit;
laissez-lui le soin d'inventer un assortiment
de couleurs pour la Lune, et je vous garantis
qu'il sera bien entendu. Elle n'aura pas manqué de varier le spectacle de l'univers à chaque point de vue différent, et de le varier
d'une manière toujours agréable.

— Je reconnais son adresse, interrompit la
marquise; elle s'est épargné la peine de

changer les objets pour chaque point de vue; elle n'a changé que les lunettes, et elle a l'honneur de cette grande diversité, sans en avoir fait la dépense. Avec un air bleu, elle nous donne un ciel bleu, et peut-être, avec un air rouge, elle donne un ciel rouge aux habitants de la Lune ; c'est pourtant toujours le même ciel. Il me paraît qu'elle nous a mis dans l'imagination certaines lunettes, au travers desquelles on voit tout, et qui changent fort les objets à l'égard de chaque homme. Alexandre voyait la Terre comme une belle place bien propre à y établir un grand empire; Céladon ne la voyait que comme le séjour d'Astrée; un philosophe la voit comme une grosse planète qui va par les cieux, toute couverte de fous. Je ne crois pas que le spectacle change plus de la Terre à la Lune qu'il fait ici d'imagination à imagination.

— Le changement de spectacle est plus surprenant dans nos imaginations, répliquai-je, car ce ne sont que les mêmes objets qu'on voit si différemment; du moins, dans la Lune, on peut voir d'autres objets, ou ne pas voir quelques-uns de ceux qu'on voit ici : peut-être ne connaissent-ils point en ce pays-là l'aurore, ni les crépuscules. L'air qui nous environne, et qui est élevé au-dessus de nous, reçoit des rayons qui ne pourraient pas tomber sur la Terre; et parce qu'il est fort grossier, il en arrête une partie, et nous les renvoie, quoi-

qu'ils ne nous fussent pas naturellement destinés. Ainsi, l'aurore et les crépuscules sont
une grâce que la nature nous fait; c'est une
lumière que régulièrement nous ne devrions
point avoir, et qu'elle nous donne par-dessus
ce qui nous est dû. Mais dans la Lune, où apparemment l'air est plus pur, il pourrait bien
n'être pas si propre à renvoyer en bas les
rayons qu'il reçoit, avant que le Soleil se
lève, ou après qu'il est couché. Les pauvres
habitants n'ont donc point cette lumière de
faveur, qui, en se fortifiant peu à peu, les
préparait agréablement à l'arrivée du Soleil,
ou qui, en affaiblissant comme de nuance en
nuance, les accoutumerait à sa perte. Ils sont
dans les ténèbres profondes, et tout d'un
coup il semble qu'on tire un rideau; voilà
leurs yeux frappés de tout l'éclat qui est dans
le Soleil; ils sont dans une lumière vive et
éclatante, et tout d'un coup les voilà tombés
dans des ténèbres profondes. Le jour et la
nuit ne sont point liés par un milieu qui
tienne de l'une et de l'autre. L'arc-en-ciel est
encore une chose qui manque aux gens de
la Lune; car si l'aurore est un effet de la
grossièreté de l'air et des vapeurs, l'arc-en-
ciel se forme dans les pluies qui tombent en
certaines circonstances, et nous devons les
plus belles choses du monde à celles qui le
sont le moins. Puisqu'il n'y a, autour de la
Lune, ni vapeurs assez grossières, ni nuages

pluvieux, adieu l'arc-en-ciel avec l'aurore, et à quoi ressembleront les belles dans ce pays-là? Quelle source de comparaisons perdue !

— Je n'aurais pas grand regret à ces comparaisons-là, dit la marquise, et je trouve qu'on est assez bien récompensé, dans la Lune, de n'avoir ni aurore ni arc-en-ciel ; car on ne doit avoir, par la même raison, ni foudres ni tonnerres, puisque ce sont aussi des choses qui se forment dans les nuages. On a de beaux jours toujours sereins, pendant lesquels on ne perd point le Soleil de vue : on n'a point de nuits où toutes les étoiles ne se montrent; on ne connaît ni les orages, ni les tempêtes, ni tout ce qui paraît être un effet de la colère du ciel. Trouvez-vous qu'on soit tant à plaindre ?

— Vous me faites voir la Lune comme un séjour enchanté, répondis-je ; cependant, je ne sais s'il est si délicieux d'avoir toujours sur la tête, pendant des jours qui en valent quinze des nôtres, un Soleil ardent, dont aucun nuage ne modère la chaleur. Peut-être aussi est-ce à cause de cela que la nature a creusé, dans la Lune, des espèces de puits, qui sont assez grands pour être aperçus par nos lunettes; car ce ne sont point des vallées qui soient entre des montagnes, ce sont des creux que l'on voit au milieu de certains lieux plats et en très grand nombre. Que sait-on si les habitants de la Lune, incommodés par l'ardeur perpétuelle du Soleil, ne se réfugient point dans ces grands puits? Ils n'habitent peut-être point ailleurs; c'est là qu'ils bâtissent leurs villes. Nous voyons ici que la Rome souterraine est plus grande que la Rome qui est sur terre. Il ne faudrait qu'ôter celle-ci, le reste serait une ville à la manière de la Lune. Tout un peuple est dans un puits, et d'un puits à l'autre il y a des chemins souterrains pour la communication des peuples. Vous vous moquez de cette vision; j'y consens de tout mon cœur : cependant, à vous parler très sérieusement, vous pourriez vous tromper plutôt que moi. Vous croyez que les gens de la Lune doivent habiter sur la surface de leur planète, parce que nous habitons sur la surface de la nôtre : c'est tout le contraire; puisque nous habitons sur la surface de notre planète, ils pourraient bien n'habiter pas sur la surface de la leur. D'ici là, il faut que toutes choses soient bien différentes.

— Il n'importe, dit la marquise; je ne puis me résoudre à laisser vivre les habitants de la Lune dans une obscurité perpétuelle.

— Vous y auriez encore plus de peine, repris-je, si vous saviez qu'un grand philosophe de l'antiquité a fait de la Lune le séjour des âmes qui ont mérité ici d'être bienheureuses. Toute leur félicité consiste en ce qu'elles y entendent l'harmonie que les corps célestes font par leurs mouvements. Mais comme il prétend que, quand la Lune tombe dans l'ombre de la Terre, elles ne peuvent plus entendre cette harmonie, alors, dit-il, ces âmes crient comme des désespérés, et la Lune se hâte le plus qu'elle peut de les tirer d'un endroit si fâcheux.

— Nous devrions donc, répliqua-t-elle, voir arriver ici les bienheureux de la Lune, car apparemment on nous les envoie aussi ; et dans ces deux planètes on croit avoir assez pourvu à la félicité des âmes, de les avoir transportées dans un autre monde.

— Sérieusement, repris-je, ce ne serait pas un plaisir médiocre de voir plusieurs mondes différents. Ce voyage me réjouit quelquefois beaucoup, à ne le faire qu'en imagination ; et que serait-ce si on le faisait en effet? Cela vaudrait mieux que d'aller d'ici au Japon, c'est-à-dire de ramper avec beaucoup de peine d'un point de la Terre sur un autre pour ne voir que les hommes.

— Eh bien ! dit-elle, faisons le voyage des planètes comme nous pourrons ; qui nous en empêche? Allons nous placer dans tous ces différents points de vue et de là considérons l'Univers. N'avons-nous plus rien à voir dans la Lune?

— Ce monde-là n'est pas encore épuisé, répondis-je. Vous vous souvenez bien que les deux mouvements par lesquels la Lune tourne

sur elle-même et autour de nous étant égaux,
l'un rend toujours à nos yeux ce que l'autre
leur devrait dérober, et qu'ainsi elle nous
présente toujours la même face. Il n'y a donc
que cette moitié-là qui nous voie; et, comme
la Lune doit être censée ne tourner point sur
son centre à notre égard, cette moitié qui
nous voit nous voit toujours attachés au même
endroit du ciel. Quand elle est dans la nuit, et
ces nuits-là valent quinze de nos jours, elle
voit d'abord un petit coin de la Terre éclairé,
ensuite un plus grand, et, presque d'heure
en heure, la lumière lui paraît se répandre
sur la face de la Terre, jusqu'à ce qu'enfin
elle la couvre entière; au lieu que ces mêmes
changements ne nous paraissent arriver sur
la Lune que d'une nuit à l'autre, parce que
nous la perdons longtemps de vue. Je voudrais
bien pouvoir deviner les mauvais raisonnements que font les philosophes de ce monde-
là, sur ce que notre Terre leur paraît immobile, lorsque tous les autres corps célestes se
lèvent et se couchent sur leurs têtes en quinze
jours. Ils attribuent apparemment cette immobilité à sa grosseur, car elle est soixante
fois plus grosse que la Lune; et, quand les
poëtes veulent louer les princes oisifs, je ne
doute pas qu'ils ne se servent de l'exemple
de ce repos majestueux; cependant ce n'est
pas un repos parfait. On voit fort sensiblement de dedans la Lune notre Terre tour-

ner sur son centre. Imaginez-vous notre Europe, notre Asie, notre Amérique, qui se présentent à eux l'une après l'autre en petit, et différemment figurées, à peu près comme nous les voyons sur les cartes. Que ce spectacle doit paraître nouveau aux voyageurs qui passent de la moitié de la Lune qui ne nous voit jamais à celle qui nous voit toujours! Ah! que l'on s'est bien gardé de croire les relations des premiers qui en ont parlé, lorsqu'ils ont été de retour en ce grand pays auquel nous sommes inconnus!

— Il me vient à l'esprit, dit la marquise, que, de ce pays-là dans l'autre, il se fait des espèces de pèlerinages pour venir nous considérer, et qu'il y a des honneurs et des privilèges pour ceux qui ont vu une fois en leur vie la grosse planète.

— Du moins, repris-je, ceux qui la volent ont le privilège d'être mieux éclairés pendant leurs nuits; l'habitation de l'autre moitié de la Lune doit être beaucoup moins commode à cet égard-là. Mais, madame, continuons le voyage que nous avions entrepris de faire de planète en planète; nous avons assez exactement visité la Lune. Au sortir de la Lune, en tirant vers le Soleil, on trouve Vénus. Sur Vénus, je reprends le Saint-Denis. Vénus tourne sur elle-même et autour du Soleil comme la Lune : on découvre avec les lunettes d'approche que Vénus, aussi bien que la Lune, est tantôt en croissant, tantôt en décours, tantôt pleine, selon les diverses situations où elle est à l'égard de la Terre. La Lune, selon toutes les apparences, est habitée; pourquoi Vénus ne le serait-elle pas aussi?

— Mais, interrompit la marquise, en disant toujours *pourquoi non?* vous m'allez mettre des habitants dans toutes les planètes.

— N'en doutez pas, répliquai-je; ce *pourquoi non* a une vertu qui peuplera tout. Nous voyons que toutes les planètes sont de la même nature, toutes des corps opaques, qui ne reçoivent de la lumière que du Soleil, qui se la renvoient les uns aux autres, et qui n'ont que les mêmes mouvements: jusque-là tout est égal. Cependant il faudrait concevoir que ces grands corps auraient été faits pour n'être point habités, que ce serait là leur condition naturelle, et qu'il y aurait une exception justement en faveur de la Terre toute seule. Qui voudra le croire le croie; pour moi, je ne m'y puis pas résoudre.

— Je vous trouve, dit-elle, bien affermi dans votre opinion depuis quelques instants. Je viens de voir le moment que la Lune serait déserte, et que vous ne vous en souciiez pas beaucoup; et présentement, si on osait vous dire que toutes les planètes ne sont pas aussi habitées que la Terre, je vois bien que vous vous mettriez en colère.

— Il est vrai, répondis-je, que, dans le moment où vous venez de me surprendre, si vous m'eussiez contredit sur les habitants des planètes, non-seulement je vous les aurais soutenus, mais je crois que je vous aurais dit comment ils étaient faits. Il y a des moments pour croire, et je ne les ai jamais si bien crus que dans celui-là ; présentement même que je suis un peu plus de sang-froid, je ne laisse pas de trouver qu'il serait bien étrange que la Terre fût aussi habitée qu'elle l'est, et que les autres planètes ne le fussent point du tout ; car ne croyez pas que nous voyions tout ce qui habite la Terre ; il y a autant d'espèces d'animaux invisibles que de visibles. Nous voyons depuis l'éléphant jusqu'au ciron ; là finit notre vue : mais au ciron commence une multitude infinie d'animaux dont il est l'éléphant, et que nos yeux ne sauraient apercevoir sans secours. On a vu avec des lunettes de très petites gouttes d'eau de pluie, ou de vinaigre, ou d'autres liqueurs, remplies de petits poissons ou de petits serpents, que l'on n'aurait jamais soupçonnés d'y habiter ; et quelques philosophes croient que le goût qu'elles font sentir sont les piqûres que ces petits animaux font à la langue. Mêlez de certaines choses dans quelques-unes de ces liqueurs, ou exposez-les au soleil, ou laissez-les se corrompre, voilà aussitôt de nouvelles espèces de petits animaux. Beaucoup de corps, qui paraissent solides, ne sont presque que des amas de ces animaux imperceptibles, qui y trouvent, par leurs mouvements, autant de liberté qu'il leur en faut. Une feuille d'arbre est un petit monde habité par des vermisseaux invisibles, à qui elle paraît d'une étendue immense, qui y connaissent des montagnes et des abîmes, et qui, d'un côté de la feuille à l'autre, n'ont pas plus de communication avec les autres vermisseaux qui y vivent que nous avec nos antipodes. A plus forte raison, ce me semble, une grosse planète sera-t-elle un monde habité. On a trouvé, jusque dans des espèces de pierres très dures, de petits vers sans nombre, qui y étaient logés de toutes parts dans des vides insensibles, et qui ne se nourrissaient que de la substance de ces pierres qu'ils rongeaient. Figurez-vous combien il y avait de ces petits vers, et pendant combien d'années ils subsistaient de la grosseur d'un grain de sable; et, sur cet exemple, quand la Lune ne serait qu'un amas de rochers, je la ferais plutôt ronger par ses habitants que de n'y en pas mettre. Enfin, tout est vivant, tout est animé. Mettez toutes ces espèces d'animaux nouvellement découvertes, et même toutes celles que l'on conçoit aisément, qui sont encore à découvrir, avec celles que l'on a toujours vues ; vous trouverez assurément que la Terre est peuplée, et que la nature y a si libéralement répandu les animaux, qu'elle ne s'est pas mise en peine que l'on en vît seulement la moitié. Croirez-vous qu'après qu'elle a poussé ici sa fécondité jusqu'à l'excès, elle a été pour toutes les autres planètes d'une stérilité à n'y rien produire de vivant?

— Ma raison est assez bien convaincue, dit la marquise ; mais mon imagination est accablée de la multitude infinie des habitants de toutes ces planètes, et embarrassée de la diversité qu'il faut établir entre eux ; car je vois bien que la nature, selon qu'elle est ennemie des répétitions, les aura tous faits différents. Mais comment se représenter cela?

— Ce n'est pas à l'imagination à prétendre se le représenter, répondis-je ; elle ne peut aller plus loin que les yeux. On peut seulement apercevoir d'une certaine vue universelle la diversité que la nature doit avoir mise entre tous ces mondes. Tous les visages sont en général sur un même modèle ; mais ceux de deux grandes nations, comme des Européens, si vous voulez, et des Africains ou des Tartares, paraissent être faits sur deux modèles particuliers ; il faudrait encore trouver le modèle des visages de chaque famille. Quel secret doit avoir eu la nature pour varier en tant de manières une chose aussi simple qu'un visage ? Nous ne sommes dans l'univers que comme une petite famille, dont tous les visages se ressemblent, dans une autre planète, c'est une autre famille, dont les visages ont un autre air. Apparemment, les différences augmentent à mesure que l'on s'éloigne; et qui verrait un habitant de la Lune et un habitant de la Terre, remarquerait bien qu'ils seraient de deux mondes plus voisins qu'un habitant de la Terre et un habitant de Saturne. Ici, par exemple, on a l'usage de la voix; ailleurs, on ne parle que par signes; plus loin, on ne parle point du tout. Ici, le raisonnement se forme entièrement par l'expérience; ailleurs, l'expérience y ajoute fort peu de chose; plus loin, les vieillards n'en savent pas plus que les enfants. Ici, on se tourmente de l'avenir plus que du passé; ailleurs, on se tourmente du passé plus que de l'avenir; plus loin, on ne se tourmente ni de l'un ni de l'autre, et ceux-là ne sont peut-être pas les plus malheureux. On dit qu'il pourrrait bien nous manquer un sixième sens naturel, qui nous apprendrait beaucoup de choses que nous ignorons. Ce sixième sens est apparemment dans quelque autre monde, où il manque quelqu'un des cinq que nous possédons. Peut-être même y a-t-il effectivement un grand nombre de sens naturels; mais, dans le partage que nous avons fait avec les habitants des autres planètes, il ne nous en est échu que cinq, dont nous nous contentons, faute d'en connaître d'autres. Nos sciences ont de certaines bornes que l'esprit

humain n'a jamais pu passer. Il y a un point
où elles nous manquent tout à coup ; le reste
est pour d'autres mondes, où quelque chose
de ce que nous savons est inconnu. Cette
planète-ci jouit des douceurs de l'amour;
mais elle est toujours désolée en plusieurs de
ses parties par les fureurs de la guerre.
Dans une autre planète, on jouit d'une
paix éternelle; mais, au milieu de cette
paix, on ne connaît point l'amour, et
on s'ennuie. Enfin, ce que la nature pratique en petit entre les hommes pour la distribution du bonheur ou des talents, elle
l'aura sans doute pratiqué en grand entre les
mondes, et elle se sera bien souvenue de
mettre en usage ce secret merveilleux qu'elle
a de diversifier toutes choses, et de les éga-
ler en même temps par les compensations...
Êtes-vous contente, madame? ajoutai-je. Vous
ai-je ouvert un assez grand champ à exercer
votre imagination ? Voyez-vous déjà quelques
habitants de planètes ?

— Hélas! non, répondit-elle : tout ce que
vous me dites là est merveilleusement vain
et vague; je ne vois qu'un grand je ne sais
quoi où je ne vois rien. Il me faudrait quelque chose de plus déterminé, de plus marqué.

— Eh bien donc, repris-je, je vais me résoudre à ne vous rien cacher de ce que je
sais de plus particulier. C'est une chose que
je tiens de très bon lieu, et vous en convien-

drez quand je vous aurai cité mes garants.
Ecoutez, s'il vous plaît, avec un peu de patience; cela sera assez long... Il y a dans une
planète, que je ne vous nommerai pas encore, des habitants très vifs, très laborieux,
très adroits ; ils ne vivent que de pillage,
comme quelques-uns de nos Arabes, et c'est
là leur unique vice. Du reste, ils sont entre
eux d'une intelligence parfaite, travaillant
sans cesse de concert et avec zèle au bien de
l'Etat, et surtout leur chasteté est incompa-
rable. Il est vrai qu'ils n'y ont pas beaucoup
de mérite; ils sont tous stériles, point de sexe
chez eux.

— Mais, interrompit la marquise, n'avez-
vous point soupçonné qu'on se moquait, en
vous faisant cette belle relation ? Comment la
nature se perpétuerait-elle ?

— On ne s'est point moqué, repris-je d'un
grand sang-froid; tout ce que je vous dis
est certain, et la nation se perpétue. Ils ont
une reine qui ne les mène point à la guerre,
qui ne paraît guère se mêler des affaires de
l'Etat, et dont toute la royauté consiste en ce
qu'elle est féconde, mais d'une fécondité
étonnante. Elle fait des milliers d'enfants;
aussi ne fait-elle autre chose. Elle a un grand
palais, partagé en une infinité de chambres,
qui ont toutes un berceau préparé pour un
petit prince, et elle va accoucher dans chacune de ces chambres l'une après l'autre,

toujours accompagnée d'une grosse cour, qui lui applaudit sur ce noble privilége dont elle jouit à l'exclusion de tout son peuple. Je vous entends, madame, sans que vous parliez. Vous demandez où elle a pris des amants, ou, pour parler plus honnêtement, des maris. Il y a des reines en Orient et en Afrique qui ont publiquement des sérails d'hommes : celle-ci apparemment en a un, mais elle en fait grand mystère; et si c'est marquer plus de pudeur, c'est aussi agir avec moins de dignité. Parmi ces Arabes qui sont toujours en action, soit chez eux, soit au dehors, on reconnaît quelques étrangers en fort petit nombre, qui ressemblent beaucoup pour la figure aux naturels du pays, mais qui d'ailleurs sont fort paresseux, qui ne sortent point, qui ne font rien, et qui, selon les apparences, ne seraient pas soufferts chez un peuple extrêmement actif, s'ils n'étaient destinés aux plaisirs de la reine et à l'important ministère de la propagation. En effet, si, malgré leur petit nombre, ils sont les pères des dix mille enfants, plus ou moins, que la reine met au monde, ils méritent bien d'être quittes de tout autre emploi; et ce qui persuade bien que ç'a été leur unique fonction, c'est qu'aussitôt qu'elle est entièrement remplie, aussitôt que la reine a fait ses dix mille couches, les Arabes vous tuent sans miséricorde ces malheureux étrangers, devenus inutiles à l'État.

FONTENELLE.

4

— Est-ce tout? dit la marquise; Dieu soit loué! rentrons un peu dans le sens commun, si nous pouvons. De bonne foi, où avez-vous pris tout ce roman-là? quel est le poëte qui vous l'a fourni?

— Je vous répète encore, lui répondis-je, que ce n'est point un roman. Tout cela se passe ici sur notre Terre, sous nos yeux. Vous voilà bien étonnée! Oui, sous nos yeux; mes Arabes ne sont que des abeilles, puisqu'il faut vous le dire.

Alors je lui appris l'histoire naturelle des abeilles, dont elle ne connaissait guère que le nom.

— Après quoi vous voyez bien, poursuivis-je, qu'en transportant seulement sur d'autres planètes des choses qui se passent sur la nôtre, nous imaginerions des bizarreries qui paraîtraient extravagantes, et seraient cependant fort réelles, et nous en imaginerions sans fin; car, afin que vous le sachiez, madame, l'histoire des insectes en est toute pleine.

— Je le crois aisément, répondit-elle. N'y eût-il que les vers à soie, qui me sont plus connus que n'étaient les abeilles, ils nous fourniraient des peuples assez surprenants, qui se métamorphoseraient de manière à n'être plus du tout les mêmes, qui ramperaient pendant une partie de leur vie, et voleraient pendant l'autre; et que sais-je, moi? cent mille autres merveilles qui feront les différents caractères, les différentes coutumes de tous ces habitants inconnus. Mon imagination travaille sur le plan que vous m'avez donné, et je vais même jusqu'à leur composer des figures. Je ne vous les pourrais décrire ; mais je vois pourtant quelque chose.

— Pour ces figures-là, répliquai-je, je vous conseille d'en laisser le soin aux songes que vous aurez cette nuit. Nous verrons demain s'ils vous auront bien servie, et s'ils vous auront appris comment sont faits les habitants de quelque planète.

QUATRIÈME SOIR. — Particularités des mondes de Vénus, de Mercure, de Mars, de Jupiter et de Saturne.

Les songes ne furent point heureux ; ils représentèrent toujours quelque chose qui ressemblait à ce que l'on voit ici. J'eus lieu de reprocher à la marquise ce que reprochent, à la vue de nos tableaux, de certains peuples, qui ne font jamais que des peintures bizarres et grotesques. « Bon ! nous disent-ils, cela est tout à fait comme des hommes ; il n'y a pas là d'imagination. » Il fallut donc se résoudre à ignorer les figures des habitants de toutes ces planètes, et se contenter d'en deviner ce que nous pourrions, en continuant le voyage des mondes que nous avions commencé. Nous en étions à Vénus.

— On est bien sûr, dis-je à la marquise, que Vénus tourne sur elle-même ; mais on ne sait pas bien en quel temps, ni par conséquent combien ses jours durent. Pour ses années, elles ne sont que de près de huit mois, puisqu'elle tourne en ce temps-là autour du Soleil. Elle est grosse comme la Terre, et par conséquent la Terre paraît à Vénus de la même grandeur dont Vénus nous paraît.

— J'en suis bien aise, dit la marquise ; la Terre pourra être pour Vénus l'étoile du berger et la mère des amours, comme Vénus l'est pour nous. Ces noms-là ne peuvent convenir qu'à une petite planète qui soit jolie, claire, brillante, et qui ait un air galant.

— J'en conviens, répondis-je ; mais savez-vous ce qui rend Vénus si jolie de loin ? c'est qu'elle est fort affreuse de près. On a vu avec les lunettes d'approche que ce n'était qu'un amas de montagnes beaucoup plus hautes que les nôtres, fort pointues, et apparemment fort sèches ; et, par cette disposition, la surface d'une planète est la plus propre qu'il se puisse à renvoyer la lumière avec beaucoup d'éclat et de vivacité. Notre Terre, dont la surface est fort unie auprès de celle de Vénus, et en partie couverte de mers, pourrait bien n'être pas si agréable à voir de loin.

— Tant pis, dit la marquise, car ce serait assurément un avantage et un agrément pour elle, que de présider aux amours des habints de Vénus; ces gens-là doivent bien entendre la galanterie.

— Oh! sans doute, répondis-je, le menu peuple de Vénus n'est composé que de Céladons et de Silvandres, et leurs conversations les plus communes valent les plus belles de Clélie. Le climat est très favorable aux amours. Vénus est plus proche que nous du Soleil, et en reçoit une lumière plus vive et plus de chaleur. Elle est à peu près aux deux tiers de la distance du Soleil à la Terre.

— Je vois présentement, interrompit la marquise, comment sont faits les habitants de Vénus : ils ressemblent aux Mores grenadins, un petit peuple noir, brûlé du Soleil, plein d'esprit et de feu, toujours amoureux, faisant des vers, aimant la musique, inventant tous les jours des fêtes, des danses et des tournois.

— Permettez-moi de vous dire, madame, répliquai-je, que vous ne connaissez guère bien les habitants de Vénus. Nos Mores grenadins n'auraient été auprès d'eux que des Lapons et des Groenlandais pour la froideur et pour la stupidité. Mais que sera-ce des habitants de Mercure? Ils sont plus de deux fois plus proches du Soleil que nous. Il faut qu'ils soient fous à force de vivacité. Je crois qu'ils n'ont point de mémoire, non plus que la plupart des nègres; qu'ils ne font jamais de réflexion sur rien; qu'ils n'agissent qu'à

l'aventure, et par des mouvements subits; et
qu'enfin c'est dans Mercure que sont les Pe-
tites-Maisons de l'univers. Ils voient le Soleil
neuf fois plus grand que nous ne le voyons;
il leur envoie une lumière si forte, que, s'ils
étaient ici, ils ne prendraient nos plus beaux
jours que pour de très faibles crépuscules, et
peut-être n'y pourraient-ils pas distinguer les
objets; et la chaleur à laquelle ils sont accoutumés est si excessive, que celle qu'il fait ici
au fond de l'Afrique les glacerait. Apparemment notre fer, notre argent, notre or se fon-
draient chez eux, et on ne les y verrait qu'en
liqueur, comme on ne voit ici ordinairement
l'eau qu'en liqueur, quoiqu'en de certains
temps ce soit un corps fort solide. Les gens de
Mercure ne soupçonneraient pas que, dans un
autre monde, ces liqueurs-là, qui font peut-
être leurs rivières, sont des corps des plus durs
que l'on connaisse. Leur année n'est que de
trois mois. La durée de leur jour ne nous est
point connue, parce que Mercure est si petit
et si proche du Soleil, dans les rayons duquel
il est presque toujours perdu, qu'il échappe
à toute l'adresse des astronomes, et qu'on
n'a pu encore avoir assez de prise sur lui
pour observer le mouvement qu'il doit avoir
sur son centre : mais ces habitants ont besoin qu'il achève ce tour en peu de temps;
car apparement, brûlés comme ils sont par
un grand poêle ardent suspendu sur leurs

têtes, ils soupirent après la nuit. Ils sont
éclairés pendant ce temps-là de Vénus et de
la Terre, qui leur doivent paraître assez grandes. Pour les autres planètes, comme elles
sont au delà de la Terre, vers le firmament,
ils les voient plus petites que nous ne les
voyons, et n'en reçoivent que bien peu de
lumière.

— Je ne suis pas si touchée, dit la marquise,
de cette perte-là, que font les habitants de
Mercure, que de l'incommodité qu'ils reçoivent
de l'excès de la chaleur. Je voudrais bien que
nous le soulageassions un peu : donnons à
Mercure de longues et d'abondantes pluies
qui le rafraîchissent, comme on dit qu'il en
tombe ici dans les pays chauds pendant des
quatre mois entiers, justement dans les saisons les plus chaudes.

— Cela se peut, repris-je, et même nous
pouvons rafraîchir encore Mercure d'une
autre façon. Il y a des pays dans la Chine
qui doivent être très chauds par leur situation, et où il fait pourtant de grands froids
pendant les mois de juillet et d'août, jusque-
là que les rivières se gèlent. C'est que ces
contrées-là ont beaucoup de salpêtre; les exhalaisons en sont fort froides, et la force de
la chaleur les fait sortir de la Terre en grande
abondance. Mercure sera, si vous voulez, une
petite planète toute de salpêtre, et le Soleil ti-
rera d'elle-même le remède au mal qu'il lui

pourrait faire. Ce qu'il y de sûr, c'est que la
nature ne saurait faire vivre les gens qu'où ils
peuvent vivre, et que l'habitude, jointe à l'i-
gnorance de quelque chose de meilleur, sur-
vient, et les y fait vivre agréablement. Ainsi,
on pourrait même se passer dans Mercure du
salpêtre et des pluies. Après Mercure, vous
savez qu'on trouve le Soleil. Il n'y a pas
moyen d'y mettre d'habitants. Le *pourquoi
non* nous manque là. Nous jugeons, par la
Terre, qui est habitée, que les autres corps
de la même espèce qu'elle doivent l'être aussi;
mais le Soleil n'est point un corps de la
même espèce que la Terre, ni que les autres
planètes. Il est la source de toute cette lumière que les planètes ne font que se renvoyer les unes aux autres, après l'avoir reçue
de lui. Elles en peuvent faire, pour ainsi dire,
des échanges entre elles; mais elles ne la
peuvent produire. Lui seul tire de soi-même
cette précieuse substance; il la pousse avec
force de tous côtés : de là elle revient à la
rencontre de tout ce qui est solide, et d'une
planète à l'autre il s'épand de longues et
vastes traînées de lumière qui se croisent, se
traversent et s'entrelacent en mille façons
différentes, et forment d'admirables tissus de
la plus riche matière qui soit au monde. Aussi,
le Soleil est-il placé dans le centre, qui est
le lieu le plus commode d'où il puisse la distribuer également, et animer tout par sa cha-

leur. Le Soleil est donc un corps particulier :
mais quelle sorte de corps? On est bien embarrassé à le dire. On avait toujours cru que
c'était un feu très pur ; mais on s'en désabusa
au commencement de ce siècle, qu'on aperçut
des taches sur sa surface. Comme on avait
découvert, peu de temps auparavant, de nouvelles planètes dont je vous parlerai, que tout
le monde philosophe n'avait l'esprit rempli
d'autre chose, et qu'enfin les nouvelles planètes s'étaient mises à la mode, on jugea aussitôt que ces taches en étaient ; qu'elles
avaient un mouvement autour du Soleil, et
qu'elles nous en cachaient nécessairement
quelque partie, en tournant leur moitié obscure vers nous. Déjà les savants faisaient leur
cour de ces prétendues planètes aux princes
de l'Europe. Les uns leur donnaient le nom
d'un prince, les autres d'un autre, et peut-
être il y aurait eu querelle entre eux à qui
serait demeuré le maître des taches, pour les
nommer comme il eût voulu.

— Je ne trouve point cela bon, interrompit
la marquise. Vous me disiez l'autre jour qu'on
avait donné aux différentes parties de la Lune
des noms de savants et d'astronomes, et j'en
étais fort contente. Puisque les princes prennent pour eux la Terre, il est juste que les
savants se réservent le Ciel, et y dominent :
mais ils n'en devraient point permettre l'entrée à d'autres.

— Souffrez, répondis-je, qu'ils puissent du moins, en cas de besoin, engager aux princes quelque astre, ou quelque partie de la Lune. Quant aux taches du Soleil, ils n'en purent faire aucun usage. Il se trouva que ce n'était point des planètes, mais des nuages, des fumées, des écumes qui s'élèvent sur le Soleil. Elles sont tantôt en grande quantité, tantôt en petit nombre ; tantôt elles disparaissent toutes, quelquefois elles se mettent plusieurs ensemble, quelquefois elles se séparent, quelquefois elles sont plus claires, quelquefois plus noires. Il y a des temps où l'on en voit beaucoup ; il y en a d'autres, et même assez longs, où il n'en paraît aucune. On croirait que le Soleil est une matière liquide ; quelques-uns disent de l'or fondu, qui bouillonne incessamment, et produit des impuretés, que la force de son mouvement rejette sur sa surface ; elles s'y consument, et puis il s'en produit d'autres. Imaginez-vous quels corps étrangers ce sont là. Il y en a tel qui est dix-sept cent fois plus gros que la Terre ; car vous saurez qu'elle est plus d'un million de fois plus petite que le globe du Soleil. Jugez par là quelle est la quantité de cet or fondu, ou l'étendue de cette grande mer de lumière et de feu. D'autres disent, et avec assez d'apparence, que les taches, du moins pour la plupart, ne sont point des productions nouvelles, et qui se dissipent au bout de quelque temps, mais de grosses masses solides, de figure fort irrégulière, toujours subsistantes, qui tantôt flottent sur le corps liquide du Soleil, tantôt s'y enfoncent ou entièrement ou en partie, et nous présentent différentes pointes ou éminences, selon qu'elles s'enfoncent plus ou moins, et qu'elles se tournent vers nous de différents côtés. Peut-être font-elles partie de quelque grand amas de matière solide qui sert d'aliment au feu du Soleil. Enfin, quoi que ce puisse être que le Soleil, il ne paraît nullement propre à être habité. C'est pourtant dommage, l'habitation serait belle : on serait au centre de tout, on verrait toutes les planètes tourner régulièrement autour de soi ; au lieu que nous voyons dans leur cours une infinité de bizarreries, qui n'y paraissent que parce que nous ne sommes pas dans le lieu propre pour en bien juger, c'est-à-dire au centre de leur mouvement. Cela n'est-il pas pitoyable ? Il n'y a qu'un lieu dans le monde d'où l'étude des astres puisse être extrêmement facile, et justement dans ce lieu-là il n'y a personne.

— Vous n'y songez pas, dit la marquise. Qui serait dans le Soleil ne verrait rien, ni planètes, ni étoiles fixes. Le Soleil n'efface-t-il pas tout ? Ce seraient ses habitants qui seraient bien fondés à se croire seuls dans toute la nature.

— J'avoue que je m'étais trompé, répondis-je ; je ne songeais qu'à la situation où est le Soleil, et non à l'effet de sa lumière : mais vous, qui me redressez si à propos, vous voulez bien que je vous dise que vous vous êtes trompée aussi ; les habitants du Soleil ne les verraient seulement pas. Ou ils ne pourraient soutenir la force de sa lumière, ou ils ne la pourraient recevoir, faute d'en être à quelque distance ; et, tout bien considéré, le Soleil ne serait qu'un séjour d'aveugles. Encore un coup, il n'est pas fait pour être habité : mais voulez-vous que nous poursuivions notre voyage des mondes ? Nous sommes arrivés au centre, qui est toujours le lieu le plus bas dans tout ce qui est rond ; et je vous dirai en passant que, pour aller d'ici là, nous avons fait un chemin de trente-trois millions de lieues. Il faudrait présentement retourner sur nos pas, et remonter. Nous retrouverons Mercure, Vénus, la Terre, la Lune, toutes planètes que nous avons visitées. Ensuite, c'est Mars qui se présente. Mars n'a rien de curieux, que je sache ; ses jours sont de plus d'une demi-heure plus longs que les nôtres, et ses années valent deux de nos années, à un mois et demi près. Il est cinq fois plus petit que la Terre ; il voit le Soleil un peu moins grand et moins vif que nous ne le voyons ; enfin, Mars ne vaut pas trop la peine qu'on s'y arrête. Mais la jolie chose que Jupiter avec ses quatre lunes ou satellites ! ce sont quatre petites pla-

nètes, qui, tandis que Jupiter tourne autour
du Soleil en douze ans, tournent autour de
lui comme notre Lune autour de nous.

— Mais, interrompit la marquise, pourquoi
y a-t-il des planètes qui tournent autour
d'autres planètes, qui ne valent pas mieux
qu'elles? Sérieusement, il me paraîtrait plus
régulier et plus uniforme que toutes les planètes, et grandes et petites, n'eussent que le
même mouvement autour du Soleil.

— Ah! madame, répliquai-je, si vous saviez
ce que c'est que les tourbillons de Descartes,
ces tourbillons dont le nom est si terrible et
l'idée si agréable, vous ne parleriez pas comme vous faites.

— La tête me dût-elle tourner, dit-elle en
riant, il est beau de savoir ce que c'est que
les tourbillons. Achevez de me rendre folle ;
je ne me ménage plus; je ne connais plus de
retenue sur la philosophie: laissons parler le
monde, et donnons-nous aux tourbillons.

— Je ne vous connaissais pas de pareils em-
portements, repris-je ; c'est dommage qu'ils
n'aient que les tourbillons pour objet. Ce
qu'on appelle un tourbillon, c'est un amas de
matière dont les parties sont détachées les
unes des autres, et se meuvent toutes en un
même sens; permis à elles d'avoir pendant
ce temps-là quelques petits mouvements pa-
ticuliers, pourvu qu'elles suivent toujours le
mouvement général. Ainsi, un tourbillon de

vent, c'est une infinité de petites parties d'air qui tournent toutes en rond ensemble, et enveloppent ce qu'elles rencontrent. Vous savez que les planètes sont portées dans la matière céleste, qui est d'une subtilité et d'une agitation prodigieuses. Tout ce grand amas de matière céleste, qui est depuis le Soleil jusqu'aux étoiles fixes, tourne en rond, et emportant avec soi les planètes, les fait tourner toutes en un même sens autour du Soleil, qui occupe le centre, mais en des temps plus ou moins longs, selon qu'elles en sont plus ou moins éloignées. Il n'y a pas jusqu'au Soleil qui ne tourne sur lui-même, parce qu'il est justement au milieu de toute cette matière céleste : vous remarquerez, en passant, que quand la Terre serait dans la place où il est, elle ne pourrait encore faire moins que de tourner sur elle-même. Voilà quel est le grand tourbillon dont le Soleil est comme le maître ; mais en même temps les planètes se composent de petits tourbillons particuliers, à l'imitation de celui du Soleil. Chacune d'elles, en tournant autour du Soleil, ne laisse pas de tourner autour d'elle-même, et fait tourner aussi autour d'elle, en même sens, une certaine quantité de cette matière céleste, qui est toujours prête à suivre tous les mouvements qu'on lui veut donner, s'ils ne la détournent pas de son mouvement général. C'est là le tourbillon particulier de la planète, et elle le pousse aussi loin que la force de son mouvement se peut étendre. S'il faut qu'il tombe dans ce petit tourbillon quelque planète moindre que celle qui y domine, la voilà emportée par la grande, et forcée indispensablement à tourner autour d'elle, et le tout ensemble, la grande planète, la petite, et le tourbillon qui les renferme, n'en tournent pas moins autour du Soleil. C'est ainsi qu'au commencement du monde nous nous fîmes suivre par la Lune, parce qu'elle se trouva dans l'étendue de notre tourbillon, et tout à fait à notre bienséance. Jupiter, dont je commençais à vous parler, fut plus heureux ou plus puissant que nous. Il y avait dans son voisinage quatre petites planètes ; il se les assujettit toutes quatre : et nous, qui sommes une planète principale, croyez-vous que nous l'eussions été si nous nous fussions trouvés proche de lui ? Il est mille fois plus gros que nous ; il nous aurait englouti sans peine dans son tourbillon, et nous ne serions qu'une Lune de sa dépendance, au lieu que nous en avons une qui est dans la nôtre ; tant il est vrai que le seul hasard de la situation décide souvent de toute la fortune qu'on doit avoir !

— Et qui nous assure, dit la marquise, que nous demeurerons toujours où nous sommes ? Je commence à craindre que nous ne fassions la folie de nous approcher d'une planète aussi entreprenante que Jupiter, ou qu'il ne vienne vers nous pour nous absorber; car il me paraît que, dans ce grand mouvement où vous dites qu'est la matière céleste, elle devrait agiter les planètes irrégulièrement, tantôt les approcher, tantôt les éloigner les unes des autres.

— Nous pourrions aussitôt y gagner qu'y perdre, répondis-je; peut-être irions-nous soumettre à notre domination Mercure ou Mars, qui sont de plus petites planètes, et qui ne nous pourraient résister. Mais nous n'avons rien à espérer ni à craindre; les planètes se tiennent où elles sont, et les nouvelles conquêtes leur sont défendues, comme elles l'étaient autrefois aux rois de la Chine. Vous savez bien que, quand on met de l'huile avec de l'eau, l'huile surnage. Qu'on mette sur ces deux liqueurs un corps extrêmement léger, l'huile le soutiendra, et il n'ira pas jusqu'à l'eau. Qu'on y mette un autre corps plus pesant, et qui soit justement d'une certaine pesanteur, il passera au travers de l'huile, qui sera trop faible pour l'arrêter, et tombera jusqu'à ce qu'il rencontre l'eau, qui aura la force de le soutenir. Ainsi, dans cette liqueur composée de deux liqueurs qui ne se mêlent point, deux corps inégalement pesants se mettent à deux places différentes, et jamais l'un ne montera ni l'autre ne descendra. Qu'on mette encore d'autres liqueurs qui se tiennent séparées, et qu'on y plonge d'autres corps, il arrivera la même chose. Représentez-vous que la matière céleste qui remplit ce grand tourbillon a différentes couches qui s'enveloppent les unes les autres, et dont les pesanteurs sont différentes, comme celles de l'huile et de l'eau et des autres liqueurs. Les planètes ont aussi différentes pesanteurs ; chacune d'elles, par conséquent, s'arrête dans la couche qui a précisément la force nécessaire pour la soutenir, et qui lui fait équilibre, et vous voyez bien qu'il n'est pas possible qu'elle en sorte jamais.

— Je conçois, dit la marquise, que ces pesanteurs-là règlent fort bien les rangs. Plût à Dieu qu'il y eût quelque chose de pareil qui les réglât parmi nous, et qui fixât les gens dans les places qui leur sont naturellement convenables ! Me voilà fort en repos du côté de Jupiter. Je suis bien aise qu'il nous laisse dans notre petit tourbillon avec notre Lune unique. Je suis d'humeur à me borner aisément, je ne lui envie point les quatre qu'il a.

— Vous auriez tort de les lui envier, repris-je ; il n'en a point plus qu'il ne lui en faut. Il est cinq fois plus éloigné du Soleil que nous, c'est-à-dire qu'il en est à cent soixante-cinq millions de lieues, et par conséquent ses Lunes ne reçoivent et ne lui renvoient qu'une lumière assez faible. Le nombre supplée au peu d'effet de chacune. Sans cela, comme Jupiter tourne sur lui-même en dix heures et que ses nuits, qui n'en durent que cinq, sont fort courtes, quatre Lunes ne paraîtraient pas si nécessaires. Celle qui est la plus proche de Jupiter fait son cercle autour de lui en quarante-deux heures, la seconde en trois jours et demi, la troisième en sept, la quatrième en dix-sept, et par l'inégalité même de leurs cours elles s'accordent à lui donner les plus jolis spectacles du monde. Tantôt elles se lèvent toutes quatre ensemble, et puis se séparent presque dans le moment; tantôt elles sont toutes à leur midi rangées l'une au-dessus de l'autre; tantôt on les voit toutes quatre dans le ciel à des distances égales; tantôt, quand deux se lèvent, deux autres se couchent : surtout j'aimerais à voir ce jeu perpétuel d'éclipses qu'elles font; car il ne se passe point de jour qu'elles ne s'éclipsent les unes les autres ou qu'elles n'éclipsent le Soleil; et assurément les éclipses s'étant rendues si familières en ce monde-là, elles y sont un sujet de divertissement, et non pas de frayeur, comme en celui-ci.

— Et vous ne manquerez pas, dit la marquise, à faire habiter ces quatre Lunes, quoique ce ne soient que de petites planètes subalternes destinées seulement à en éclairer une autre pendant ses nuits ?

— N'en doutez nullement, répondis-je; ces planètes n'en sont pas moins dignes d'être habitées, pour avoir le malheur d'être asservies à tourner autour d'une autre plus importante.

— Je voudrais donc, reprit-elle, que les habitants des quatre Lunes de Jupiter fussent comme des colonies de Jupiter : qu'elles eussent reçu de lui, s'il était possible, leurs lois et leurs coutumes; que par conséquent elles lui rendissent quelque sorte d'hommage, et ne regardassent la grande planète qu'avec respect.

— Ne faudrait-il point aussi, lui dis-je, que les quatre Lunes envoyassent de temps en temps des députés dans Jupiter pour lui prêter serment de fidélité? Pour moi, je vous avoue que le peu de supériorité que nous avons sur les gens de notre Lune me fait douter que Jupiter en ait beaucoup sur les habitants des siennes, et je crois que l'avantage auquel il puisse le plus raisonnablement prétendre, c'est de leur faire peur. Par exemple, dans celle qui est la plus proche de lui, ils le voient seize cents fois plus grand que notre Lune ne nous paraît. Quelle monstrueuse planète suspendue sur leurs têtes! En vérité, si les Gaulois craignaient anciennement que le ciel ne tombât sur eux et ne les écrasât, les habitants de cette Lune auraient bien plus de sujet de craindre une chute de Jupiter.

— C'est peut-être là aussi la frayeur qu'ils ont, dit-elle, au lieu de celle des éclipses, dont vous m'avez assurée qu'ils sont exempts, et qu'il faut bien remplacer par quelque autre sottise.

— Il le faut de nécessité absolue, répondis-je. L'inventeur du troisième système dont je vous parlais l'autre jour, le célèbre Ticho-Brahé, un des plus grands astronomes qui furent jamais, n'avait garde de craindre les éclipses, comme le vulgaire les craint; il passait sa vie avec elles. Mais croiriez-vous bien ce qu'il craignait en leur place? Si, en sortant de son logis, la première personne qu'il rencontrait était une vieille, si un lièvre traversait son chemin, Ticho-Brahé croyait que la journée devait être malheureuse, et retournait promptement se renfermer chez lui, sans oser commencer la moindre chose.

— Il ne serait pas juste, reprit-elle, après que cet homme-là n'a pu se délivrer impunément de la crainte des éclipses, que les habitants de cette Lune de Jupiter, dont nous parlions, en fussent quittes à meilleur marché. Nous ne leur ferons pas de quartier; ils subiront la loi commune; et s'ils sont exempts d'une erreur, ils donneront dans quelque autre; mais comme je ne me pique pas de la pouvoir deviner, éclaircissez-moi, je vous prie, une autre difficulté qui m'occupe depuis quelques moments. Si la Terre est si petite à l'égard de Jupiter, Jupiter nous voit-il? Je crains que nous ne lui soyons inconnus.

— De bonne foi, je crois que cela est ainsi, répondis-je. Il faudrait qu'il vît la Terre cent fois plus petite que nous ne le voyons. C'est trop peu; il ne la voit point. Voici seulement ce que nous pouvons croire de meilleur pour nous. Il y aura dans Jupiter des astronomes qui, après avoir bien pris de la peine à composer des lunettes excellentes, après avoir choisi les plus belles nuits pour observer, auront enfin découvert dans les cieux une très petite planète qu'ils n'avaient jamais vue. D'abord le *Journal des Savants* de ce pays-là en parle; le peuple de Jupiter, ou n'en entend point parler, ou n'en fait que rire; les philosophes, dont cela détruit les opinions, forment le dessein de n'en rien croire; il n'y a que les gens très raisonnables qui en veulent bien douter. On observe encore : on revoit la petite planète; on s'assure bien que ce n'est point une vision; on commence même à soupçonner qu'elle a un mouvement autour du Soleil : on trouve, au bout de mille observations, que ce mouvement est d'une année; et enfin, grâce à toutes les peines que se donnent les savants, on sait dans Jupiter que notre Terre est au monde. Les curieux vont la voir au bout d'une lunette, et la vue à peine peut-elle encore l'attraper.

— Si ce n'était, dit la marquise, qu'il n'est point trop agréable de savoir qu'on ne nous peut découvrir de dedans Jupiter qu'avec des lunettes d'approche, je me représenterais avec plaisir ces lunettes de Jupiter dressées vers nous, comme les nôtres le sont vers lui, et cette curiosité mutuelle avec laquelle les planètes s'entre-considèrent, et demandent l'une de l'autre : « Quel monde est-ce là ? quelles gens l'habitent ? »

— Cela ne va pas si vite que vous pensez, répliquai-je. Quand on verrait notre Terre de dedans Jupiter, quand on l'y connaîtrait, notre Terre, ce n'est pas nous : on n'a pas le moindre soupçon qu'elle puisse être habitée. Si quelqu'un vient à se l'imaginer, Dieu sait comme tout Jupiter se moque de lui. Peut-être même sommes-nous cause qu'on y fait le procès à des philosophes qui ont voulu soutenir que nous étions. Cependant je croirais plus volontiers que les habitants de Jupiter sont assez occupés à faire des découvertes sur leur planète pour ne songer point du tout à nous. Elle est si grande, que, s'ils naviguent, assurément leurs Christophe Colomb ne sauraient manquer d'emploi. Il faut que les peuples de ce monde-là ne connaissent pas seulement de réputation la centième partie des autres peuples; au lieu que, dans Mercure, qui est fort petit, ils sont tous voisins les uns des autres; ils vivent familièrement ensemble, et ne comptent que pour une promenade de faire le tour de leur monde. Si

on ne nous voit point dans Jupiter, vous jugez bien qu'on y voit encore moins Vénus, qui
est plus éloignée de lui, et encore moins Mercure, qui est et plus petit et plus éloigné. En
récompense, ses habitants voient leurs quatre
Lunes, et Saturne avec les siennes, et Mars.
Voilà assez de planètes pour embarrasser
ceux d'entre eux qui sont astronomes; la nature a eu la bonté de leur cacher ce qui en
reste dans l'univers.

—Quoi! dit la marquise, vous comptez cela
pour une grâce?

—Sans doute, répondis-je : il y a dans
tout ce grand tourbillon seize planètes. La
nature, qui veut nous épargner la peine d'é-
tudier tous leurs mouvements, ne nous en
montre que sept : n'est-ce pas là une assez
grande faveur? Mais nous, qui n'en sentons
pas le prix, nous faisons si bien, que nous at-
trapons les neuf autres qui avaient été cachées; aussi en sommes-nous punis par les
grands travaux que l'astronomie demande
présentement.

—Je vois, reprit-elle, par ce nombre de
seize planètes, qu'il faut que Saturne ait cinq
Lunes.

—Il les a aussi, répliquai-je; et avec d'autant plus de justice, que, comme il tourne en
trente ans autour du Soleil, il y a des pays
où la nuit dure quinze ans, par la même raison que sur la Terre, qui tourne en un an, il

y a des nuits de six mois sous les pôles. Mais,
Saturne étant deux fois plus éloigné du Soleil que Jupiter, et par conséquent dix fois
plus que nous, ses cinq Lunes, si faiblement
éclairées, lui donneraient-elles assez de lumière pendant ses nuits? Non, il y a encore une
ressouce singulière et unique dans tout l'univers connu. C'est un grand cercle et un grand
anneau assez large qui l'environne, et qui,
étant assez élevé pour être presque entièrement hors de l'ombre du corps de cette planète, réfléchit la lumière du Soleil dans des
lieux qui ne le voient point, et la réfléchit de
plus près et avec plus de force que toutes les
cinq Lunes, parce qu'il est moins élevé que la
plus basse.

— En vérité, dit la marquise, de l'air
d'une personne qui rentrerait en elle-même
avec étonnement, tout cela est d'un grand ordre; il paraît bien que la nature a eu en vue
les besoins de quelques êtres vivants, et que
la distribution des Lunes n'a pas été faite au
hasard. Il n'en est tombé en partage qu'aux
planètes éloignées du Soleil, à la Terre, à Jupiter, à Saturne; car ce n'était pas la peine
d'en donner à Vénus et à Mercure, qui ne reçoivent que trop de lumière, dont les nuits
sont fort courtes, et qui les comptent apparemment pour de plus grands bienfaits de la
nature que leurs jours mêmes. Mais attendez;
il me semble que Mars, qui est encore plus

éloigné du Soleil que la Terre, n'a point de Lune.

— On ne peut pas vous le dissimuler, répondis-je ; il n'en a point, et il faut qu'il ait pour ses nuits des ressources que nous ne savons pas. Vous avez vu des phosphores de ces matières liquides ou sèches, qui, en recevant la lumière du Soleil, s'en imbibent et s'en pénètrent, et ensuite jettent un assez grand éclat dans l'obscurité. Peut-être Mars a-t-il de grands rochers fort élevés, qui sont des phosphores naturels, et qui prennent pendant le jour une provision de lumière qu'ils rendent pendant la nuit. Vous ne sauriez nier que ce ne fût un spectacle assez agréable de voir tous ces rochers s'allumer de toutes parts dès que le Soleil serait couché, et faire sans aucun art des illuminations magnifiques qui ne pourraient incommoder par leur chaleur. Vous savez encore qu'il y a en Amérique des oiseaux qui sont si lumineux dans les ténèbres qu'on s'en peut servir pour lire. Que savons-nous si Mars n'a point un grand nombre de ces oiseaux qui, dès que la nuit est venue, se dispersent de tous côtés, et vont répandre un nouveau jour?

— Je ne me contente, reprit-elle, ni de vos rochers, ni de vos oiseaux. Cela ne laisserait pas d'être joli : mais puisque la nature a donné tant de Lunes à Saturne et à Jupiter, c'est une marque qu'il faut des Lunes. J'eusse été bien aise que tous les mondes éloignés du Soleil en eussent eu, si Mars ne nous fût point venu faire une exception désagréable.

— Ah ! vraiment, répliquai-je, si vous vous mêlez de philosophie plus que vous ne faites, il faudrait bien que vous vous accoutumassiez à voir des exceptions dans les meilleurs systèmes. Il y a toujours quelque chose qui y convient le plus juste du monde, et puis quelque chose aussi qu'on y fait convenir comme on peut, ou qu'on laisse là si on désespère d'en pouvoir venir à bout. Usons-en de même pour Mars, puisqu'il ne nous est point favorable, et ne parlons point de lui. Nous serions bien étonnés, si nous étions dans Saturne, de voir sur nos têtes pendant la nuit ce grand anneau qui irait en forme de demi-cercle d'un bout à l'autre de l'horizon, et qui, nous renvoyant la lumière du Soleil, ferait l'effet d'une Lune continue.

— Et ne mettrons-nous point d'habitants dans ce grand anneau, interrompit-elle en riant?

— Quoique je sois d'humeur, répondis-je, à en envoyer partout assez hardiment, je vous avoue que je n'oserais en mettre là ; cet anneau me paraît une habitation trop irrégulière. Pour les cinq petites Lunes, on ne peut pas se dispenser de les peupler. Si cependant l'anneau n'était, comme quelques-uns le soupçonnent, qu'un cercle de Lunes qui se suivissent de fort près, et eussent un mouvement égal, et que les cinq petites Lunes fussent cinq échappées de ce grand cercle, que de monde, dans le tourbillon de Saturne ! Quoi qu'il en soit, les gens de Saturne sont assez misérables, même avec le secours de l'anneau. Il leur donne la lumière ; mais quelle lumière dans l'éloignement où il est du Soleil ! Le Soleil même, qu'ils voient cent fois plus petit que nous ne le voyons, n'est pour eux qu'une petite étoile blanche et pâle, qui n'a qu'un éclat et une chaleur bien faible ; et si vous les mettiez dans nos pays les plus froids, dans le Groenland ou dans la Laponie, vous les verriez suer à grosses gouttes et expirer de chaud. S'ils avalent de l'eau, ce ne serait point de l'eau pour eux, mais une pierre polie, un marbre ; et l'esprit-de-vin, qui ne gèle jamais ici, serait dur comme nos diamants.

— Vous me donnez une idée de Saturne qui me glace, dit la marquise, au lieu que tantôt vous m'échauffiez en me parlant de Mercure.

— Il faut bien, répliquai-je, que les deux mondes qui sont aux extrémités de ce grand tourbillon soient opposés en toutes choses.

— Ainsi, reprit-elle, on est bien sage dans Saturne ; car vous m'avez dit que tout le monde était fou dans Mercure.

— Si on n'est pas bien sage dans Saturne, repris-je, du moins, selon toutes les apparences, on y est bien flegmatique. Ce sont des gens qui ne savent ce que c'est que de rire, qui prennent toujours un jour pour repondre à la moindre question qu'on leur fait, et qui eussent trouvé Caton d'Utique trop badin et trop folâtre.

— Il me vient une pensée, dit-elle. Tous les habitants de Mercure sont vifs, tous ceux de Saturne sont lents. Parmi nous, les uns sont vifs, les autres lents: cela ne viendrait-il point de ce que notre Terre étant justement au milieu des autres mondes, nous participons des extrémités? Il n'y a point pour les hommes de caractère fixe et déterminé; les uns sont faits comme les habitants de Mercure, les autres comme ceux de Saturne, et nous sommes un mélange de toutes les espèces qui se trouvent dans les autres planètes.

— J'aime assez cette idée, repris-je; nous formons un assemblage si bizarre, qu'on pourrait croire que nous serions ramassés de plusieurs mondes différents. A ce compte, il est assez commode d'être ici; on y voit tous les autres mondes en abrégé.

— Du moins, reprit la marquise, une commodité fort réelle qu'a notre monde par sa situation, c'est qu'il n'est ni si chaud que celui de Mercure ou de Vénus, ni si froid que celui de Jupiter ou de Saturne. De plus, nous sommes justement dans un endroit de la terre où nous ne sentons l'excès ni du chaud ni du froid. En vérité, si un certain philosophe rendait grâce à la nature d'être homme et non pas bête, grec et non pas barbare, moi je veux lui rendre grâce d'être sur la planète la plus tempérée de l'univers, et dans un des lieux les plus tempérés de cette planète.

—Si vous m'en croyez, madame, répondis-je vous lui rendrez grâce d'être jeune, et non pas vieille; jeune et belle, et non pas jeune et laide; jeune et belle Française, et non pas jeune et belle Italienne. Voilà bien d'autres sujets de reconnaissance que ceux que vous tirez de la situation de votre tourbillon, ou de la température de votre pays.

— Mon Dieu! répliqua-t-elle, laissez-moi avoir de la reconnaissance sur tout, jusque sur le tourbillon où je suis placée. La mesure de bonheur qui nous a été donnée est assez petite; il n'en faut rien perdre, et il est bon d'avoir pour les choses les plus communes et les moins considérables un goût qui les mette à profit. Si on ne voulait que des plaisirs vifs, on en aurait peu; on les attendrait longtemps, et on les payerait bien.

—Vous me promettez donc, répliquai-je, que si on vous proposait de ces plaisirs vifs, vous vous souviendriez des tourbillons et de moi, et que vous ne nous négligeriez pas tout à fait?

— Oui, répondit-elle; mais faites que la philosophie me fournisse toujours des plaisirs nouveaux.

— Au moins pour demain, répondis-je,
j'espère qu'ils ne vous manqueront pas. J'ai
des Étoiles fixes qui passent tout ce que vous
avez vu jusqu'ici.

— — —

CINQUIÈME SOIR. — Que les Étoiles fixes sont autant de
Soleils, dont chacun éclaire un monde.

La marquise sentit une vraie impatience de
savoir ce que les Étoiles fixes deviendraient.

— Seront-elles habitées comme les planètes? me dit-elle. Ne le seront-elles pas? Enfin,
qu'en ferons-nous?

— Vous le devineriez peut-être, si vous en
aviez bien envie, répondis-je. Les Étoiles
fixes ne sauraient être moins éloignées de la
Terre que de vingt-sept mille six cent soixante
fois la distance d'ici au Soleil, qui est de
trente-trois millions de lieues; et, si vous
fâchiez un astronome, il les mettrait encore
plus loin. La distance du Soleil à Saturne,
qui est la planète la plus éloignée, n'est que
de trois cent trente millions de lieues; ce
n'est rien par rapport à la distance du Soleil
ou de la Terre aux Étoiles fixes, et on ne
prend pas la peine de la compter. Leur lumière, comme vous voyez, est assez vive et

assez éclatante. Si elles la recevaient du Soleil, il faudrait qu'elles la reçussent déjà bien
faible après un si épouvantable trajet; il faudrait que, par une réflexion qui l'affaiblirait
encore beaucoup, elles nous la renvoyassent à
cette même distance. Il serait impossible
qu'une lumière qui aurait essuyé une réflexion, et fait deux fois un semblable chemin,
eût cette force et cette vivacité qu'a celle des
Étoiles fixes. Les voilà donc lumineuses par
elles-mêmes, et toutes, en un mot, autant de
Soleils.

— Ne me trompé-je point, s'écria la marquise, ou si je vois où vous me voulez me-
ner? M'allez-vous dire : « Les Étoiles fixes
sont autant de Soleils; notre Soleil est le
centre d'un tourbillon qui tourne autour de
lui : pourquoi chaque Étoile fixe ne sera-
t-elle pas aussi le centre d'un tourbillon qui
aura un mouvement autour d'elle? Notre Soleil a des planètes qu'il éclaire : Pourquoi
chaque Étoile fixe n'en aura-t-elle pas aussi
qu'elle éclairera? »— Je n'ai à vous répondre,
lui dis-je, que ce que répondit Phèdre à
Œnone :

« C'est toi qui l'as nommé. »

— Mais, reprit-elle, voilà l'univers si grand
que je m'y perds; je ne sais plus où je suis;

je ne suis plus rien. Quoi! tout sera divisé eu tourbillons jetés confusément les uns parmi les autres? Chaque Étoile sera le centre d'un tourbillon, peut-être aussi grand que celui où nous sommes? Tout cet espace immense, qui comprend notre Soleil et nos planètes, ne sera qu'une petite parcelle de l'univers? Autant d'espaces pareils que d'Étoiles fixes? Cela me confond, me trouble, m'épouvante.

— Et moi, répondis-je, cela me met à mon aise. Quand le Ciel n'était que cette voûte bleue où les Étoiles étaient clouées, l'univers me paraissait petit et étroit; je m'y sentais comme oppressé. Présentement qu'on a donné infiniment plus d'étendue et de profondeur à cette voûte en la partageant en mille et mille tourbillons, il me semble que je respire avec plus de liberté, et que je suis dans un plus grand air, et assurément l'univers a toute une autre magnificence. La nature n'a rien épargné en le produisant; elle a fait une profusion de richesses tout à fait digne d'elle. Rien n'est si beau à se représenter que ce nombre prodigieux de tourbillons, dont le milieu est occupé par un Soleil qui fait tourner des planètes autour de lui. Les habitants d'une planète d'un de ces tourbillons infinis voient de tous cotés les Soleils de ces tourbillons dont ils sont environnés; mais ils n'ont garde d'en voir les planètes, qui n'ayant qu'une lumière faible, empruntée de leur Soleil, ne la poussent point au delà de leur monde.

— Vous m'offrez, dit-elle, une espèce de perspective si longue, que la vue n'en peut attraper le bout. Je vois clairement les habitants de la Terre ; ensuite, vous me faites voir ceux de la Lune et des autres planètes de notre tourbillon, assez clairement à la vérité, mais moins que ceux de la Terre. Après eux viennent les habitants des planètes des autres tourbillons. Je vous avoue qu'ils sont tout à fait dans l'enfoncement, et que, quelque effort que je fasse pour les voir, je ne les aperçois presque point. Et en effet ne sont-ils pas presque anéantis par l'expression même dont vous êtes obligé de vous servir en parlant d'eux ? Il faut que vous les appeliez les habitants d'une des planètes de l'un de ces tourbillons, dont le nombre est infini. Nous-mêmes, à qui la même expression convient, avouez que vous ne sauriez presque plus nous démêler au milieu de tant de mondes. Pour moi, je commence à voir la Terre si effroyablement petite, que je ne crois pas avoir désormais d'empressement pour aucune chose. Assurément, si on a tant d'ardeur de s'agrandir, si on fait desseins sur desseins, si on se donne tant de peine, c'est que l'on ne connaît pas les tourbillons. Je prétends bien que ma paresse profite de mes nouvelles lumières ; et quand on me reprochera mon indolence,

je répondrai : « Ah ! si vous saviez ce que c'est
que les Etoiles fixes ! »

— Il faut qu'Alexandre ne l'ait pas su,
répliquai-je, car un certain auteur, qui tient
que la Lune est habitée, dit fort sérieusement
qu'il n'était pas possible qu'Aristote ne fût
dans une opinion si raisonnable (comment
une vérité eût-elle échappé à Aristote ?); mais
qu'il n'en voulut jamais rien dire, de peur de
fâcher Alexandre, qui eût été au désespoir de
voir un monde qu'il n'eût pas pu conquérir.
A plus forte raison lui eût-on fait mystère des
tourbillons des Etoiles fixes, quand on les eût
connus en ce temps-là ; c'eût été faire trop
mal sa cour que de lui en parler. Pour moi,
qui les connais, je suis bien fâché de ne pouvoir tirer d'utilité de la connaissance que j'en
ai. Ils ne guérissent tout au plus, selon votre
raisonnement, que de l'ambition et de l'inquiétude, et je n'ai point ces maladies-là. Un
peu de faiblesse pour ce qui est beau, voilà
mon mal, et je ne crois pas que les tourbillons y puissent rien. Les autres mondes vous
rendent celui-ci petit, mais ils ne vous gâtent
point de beaux yeux ou une belle bouche :
cela vaut toujours son prix, en dépit de tous
les mondes possibles.

— C'est un étrange chose que l'amour, répondit-elle en riant ; il se sauve de tout, et
il n'y a point de système qui lui puisse faire
de mal. Mais aussi, parlez-moi franchement :

votre système est-il bien vrai? Ne me déguisez rien; je vous garderai le secret. Il me semble qu'il n'est appuyé que sur une petite convenance bien légère. Une Etoile fixe est lumineuse d'elle-même, comme le Soleil; par conséquent, il faut qu'elle soit, comme le Soleil, le centre et l'âme d'un monde, et qu'elle ait ses planètes qui tournent autour d'elle. Cela est-il d'une nécessité bien absolue?

— Écoutez, madame, répondis-je, puisque nous sommes en humeur de mêler toujours des folies de galanterie à nos discours les plus sérieux, les raisonnements de mathématique sont faits comme l'amour. Vous ne sauriez accorder si peu de chose à un amant, que bientôt après il ne faille lui en accorder davantage; et à la fin, cela va loin. De même, accordez à un mathématicien le moindre principe, il va vous en tirer une conséquence qu'il faudra que vous lui accordiez aussi, et de cette conséquence encore une autre; et, malgré vous-même, il vous mène si loin qu'à peine le pouvez-vous croire. Ces deux sortes de gens-là prennent toujours plus qu'on ne leur donne. Vous convenez que quand deux choses sont semblables en tout ce qui me paraît, je les puis croire aussi semblables en ce qui ne me paraît point, s'il n'y a rien d'ailleurs qui m'en empêche. De là j'ai tiré que la Lune était habitée, parce qu'elle ressemble à la Terre; les autres planètes, parce qu'elles ressemblent à la Lune. Je trouve que les Etoiles fixes ressemblent à notre Soleil; je leur attribue tout ce qu'il a. Vous êtes engagée trop avant pour pouvoir reculer; il faut franchir le pas de bonne grâce.

— Mais, dit-elle, sur le pied de cette ressemblance que vous mettez entre les Etoiles fixes et notre Soleil, il faut que les gens d'un autre grand tourbillon ne le voient que comme une petite Etoile fixe, qui se montre à eux seulement pendant leurs nuits.

— Cela est hors de doute, répondis-je. Notre Soleil est si proche de nous, en comparaison des soleils des autres tourbillons, que sa lumière doit avoir infiniment plus de force sur nos yeux que la leur. Nous ne voyons donc que lui quand nous le voyons, et il efface tout : mais dans un autre grand tourbillon, c'est un autre soleil qui y domine; et il efface à son tour le nôtre, qui n'y paraît que pendant les nuits avec le reste des autres soleils étrangers, c'est-à-dire des Étoiles fixes. On l'attache avec elles à cette grande voûte du Ciel, et il y fait partie de quelque Ourse ou de quelque Taureau. Pour les planètes qui tournent autour de lui, notre Terre par exemple, comme on ne les voit point de si loin, on n'y songe seulement pas. Ainsi, tous les soleils sont soleil de jour pour le tourbillon où ils sont placés, et soleils de nuit pour tous les autres tourbillons. Dans leur monde ils sont uniques en leur espèce; partout ailleurs ils ne servent qu'à faire nombre.

— Ne faut-il pas pourtant, reprit-elle, que les mondes, malgré cette égalité, diffèrent en mille choses? car un fond de ressemblance ne laisse pas de porter des différences infinies.

— Assurément, repris-je, mais la difficulté est de deviner. Que sais-je? Un tourbillon a plus de planètes qui tournent autour de son soleil, un autre en a moins. Dans l'un, il y a des planètes subalternes qui tournent autour de planètes plus grandes; dans l'autre, il n'y en a point. Ici, elles sont toutes ramassées autour de leur soleil, et font comme un petit peloton, au delà duquel s'étend un grand espace vide, qui va jusqu'aux tourbillons voisins; ailleurs, elles prennent leur cours vers les extrémités du tourbillon, et laissent le milieu vide. Je ne doute pas même qu'il ne puisse y avoir quelques tourbillons déserts et sans planètes; d'autres, dont le soleil n'étant pas au centre, ait un véritable mouvement, et emporte ses planètes avec soi; d'autres dont les planètes s'élèvent ou s'abaissent, à l'égard de leur soleil, par le changement de l'équilibre qui les tient suspendues. Enfin, que voudriez-vous? En voilà bien assez pour un homme qui n'est jamais sorti de son tourbillon.

— Ce n'en est guère, répondit-elle, pour la quantité des mondes. Ce que vous dites ne suffit que pour cinq ou six, et j'en vois d'ici des milliers.

— Que serait-ce donc, repris-je, si je vous disais qu'il y a bien d'autres Étoiles fixes que celles que vous voyez; qu'avec des lunettes on en découvre un nombre infini qui ne se montrent point aux yeux; et que dans une seule constellation, où l'on en comptait peut-être douze ou quinze, il s'en trouve autant que l'on en voyait auparavant dans le Ciel?

— Je vous demande grâce, s'écria-t-elle, je me rends; vous m'accablez de mondes et de tourbillons.

— Je sais bien, ajoutai-je, ce que je vous garde. Vous voyez cette blancheur qu'on appelle la *voie de lait*. Vous figureriez-vous bien ce que c'est? Une infinité de petites étoiles invisibles aux yeux à cause de leur petitesse, et semées si près les unes des autres, qu'elles paraissent former une lueur continue. Je voudrais que vous vissiez avec des lunettes cette fourmilière d'astres, et cette graine de mondes. Ils ressemblent en quelque sorte aux îles Maldives, à ces douze mille petites îles ou bancs de sable, séparés seulement par des canaux de mer que l'on sauterait presque comme des fossés. Ainsi, les petits tourbillons de la *voie de lait* sont si serrés, qu'il me semble que d'un monde à l'autre on pourrait se parler, ou même se donner la main. Du moins, je crois que les oiseaux

d'un monde passent aisément dans un autre,
et que l'on y peut dresser des pigeons à porter des lettres, comme ils en portent ici, dans
le Levant, d'une ville à une autre. Ces petits
mondes sortent apparemment de la règle générale, par laquelle un soleil dans son tourbillon efface, dès qu'il paraît, tous les soleils
étrangers. Si vous êtes dans un des petits
tourbillons de la *voie de lait*, votre Soleil
n'est presque pas plus proche de vous, et n'a
pas sensiblement plus de force sur vos yeux,
que cent mille autres soleils des petits tourbillons voisins. Vous voyez donc votre Ciel
briller d'un nombre infini de feux qui sont
fort proches les uns des autres, et peu éloignés de vous. Lorsque vous perdez de vue
votre Soleil particulier, il vous en reste encore assez, et votre nuit n'est pas moins éclairée que le jour : du moins la différence ne peut
pas être sensible; et, pour parler plus juste,
vous n'avez jamais de nuit. Ils seraient bien
étonnés, les gens de ces mondes-là, accoutumés
comme ils sont à une clarté perpétuelle, si on
leur disait qu'il y a des malheureux qui ont
de véritables nuits, qui tombent dans les ténèbres profondes, et qui, quand ils jouissent
de la lumière, ne voient même qu'un seul soleil. Ils nous regarderaient comme des êtres
disgraciés de la nature, et notre condition les
ferait frémir d'horreur.

— Je ne vous demande pas, dit la marquise,

s'il y a des lunes dans les mondes de la *voie de lait*; je vois bien qu'elles n'y seraient de nul usage aux planètes principales qui n'ont point de nuit, et qui d'ailleurs marchent dans des espaces trop étroits pour s'embarrasser de cet attirail de planètes subalternes. Mais savez-vous bien qu'à force de me multiplier les mondes si libéralement, vous me faites naître une véritable difficulté? Les tourbillons dont nous voyons les soleils touchent le tourbillon où nous sommes. Les tourbillons sont ronds, n'est-il pas vrai? et comment tant de boules en peuvent-elles toucher une seule? Je veux m'imaginer cela, et je sens bien que je ne le puis.

— Il y a beaucoup d'esprit, répondis-je, à voir cette difficulté-là, et même à ne la pouvoir résoudre; car elle est très bonne en soi, et de la manière dont vous la concevez, elle est sans réponse; et c'est avoir bien peu d'esprit que de trouver des réponses à ce qui n'en a point. Si notre tourbillon était de la figure d'un dé, il aurait six faces plates, et serait bien éloigné d'être rond ; mais sur chacune de ces faces on y pourrait mettre un tourbillon de la même figure. Si au lieu de six faces plates, il en avait vingt, cinquante, mille, il y aurait jusqu'à mille tourbillons qui pourraient poser sur lui, chacun sur une face; et vous concevez bien que plus un corps a de faces plates qui le terminent au dehors, plus il approche d'être rond : en sorte qu'un diamant taillé à facettes de tous côtés, si les facettes étaient fort petites, serait quasi aussi rond qu'une perle de même grandeur. Les tourbillons ne sont ronds que de cette manière-là. Ils ont une infinité de faces en dehors, dont chacune porte un autre tourbillon. Ces faces sont fort inégales ; ici elles sont plus grandes, là plus petites. Les plus petites de notre tourbillon, par exemple, répondent à la voie de lait, et soutiennent tous ces petits mondes. Que deux tourbillons, qui sont appuyés sur deux faces voisines, laissent quelque vide entre eux par en bas, comme cela doit arriver très souvent, aussitôt la nature, qui ménage bien le terrain, vous remplit ce vide par un petit tourbillon ou deux, peut-être par mille, qui n'incommodent point les autres, et ne laissent pas d'être un, ou deux, ou mille mondes de plus. Ainsi, nous pouvons voir beaucoup plus de mondes que notre tourbillon n'a de faces pour en porter. Je gagerais que, quoique ces petits mondes n'aient été faits que pour être jetés dans des coins de l'univers qui fussent demeurés inutiles, quoiqu'ils soient inconnus aux autres mondes qui les touchent, ils ne laissent pas d'être fort contents d'eux-mêmes. Ce sont eux, sans doute, dont on ne découvre les petits soleils qu'avec des lunettes d'approche, et qui sont en une quantité si prodigieuse. Enfin, tous ces tourbillons s'ajustent les uns avec les autres, le mieux qu'il est possible ; et comme il faut que chacun tourne autour de son soleil sans changer de place, chacun prend la manière de tourner qui est la plus commode et la plus aisée, dans la situation où il est. Ils s'engrènent, en quelque façon, les uns dans les autres, comme les roues d'une montre, et aident mutuellement leurs mouvements. Il est pourtant vrai qu'ils agissent aussi les uns contre les autres. Chaque monde, à ce qu'on dit, est comme un ballon qui s'étendrait si on le laissait faire ; mais il est aussitôt repoussé par les mondes voisins, et il rentre en lui-même, après quoi il recommence à s'enfler, et ainsi de suite : et quelques philosophes prétendent que les Etoiles fixes ne nous envoient cette lumière tremblante, et ne paraissent briller à reprises, que parce que leurs tourbillons poussent perpétuellement le nôtre, et en sont perpétuellement repoussés.

— J'aime fort toutes ces idées-là, dit la marquise. J'aime ces ballons qui s'enflent et se désenflent à chaque moment, et ces mondes qui se combattent toujours ; et surtout j'aime à voir comment ce combat fait entre eux un commerce de lumière, qui apparemment est le seul qu'ils puissent avoir.

— Non, non, repris-je, ce n'est pas le seul. Les mondes voisins nous envoient quelquefois visiter, et même assez magnifiquement.

Il nous en vient des Comètes qui sont ornées ou d'une chevelure éclatante, ou d'une barbe vénérable, ou d'une queue majestueuse.

— Ah! quels députés! dit-elle en riant. On se passerait bien de leur visite; elle ne sert qu'à faire peur.

— Ils ne font peur qu'aux enfants, répliquai-je, à cause de leur équipage extraordinaire; mais les enfants sont en grand nombre. Les Comètes ne sont que des planètes qui appartiennent à un tourbillon voisin. Elles avaient leur mouvement vers ses extrémités; mais ce tourbillon, étant peut-être différemment pressé par ceux qui l'environnent, est plus rond par en haut, et plus plat par en bas; et c'est par en bas qu'il nous regarde. Ces planètes, qui auront commencé vers le haut à se mouvoir en cercle, ne prévoyaient pas qu'en bas le tourbillon leur manquerait, parce qu'il est là comme écrasé; et, pour continuer leur mouvement circulaire, il faut nécessairement qu'elles entrent dans un autre tourbillon, que je suppose qui est le nôtre, et qu'elles en occupent les extrémités. Aussi, sont-elles toujours fort élevées à notre égard; on peut croire qu'elles marchent au-dessus de Saturne. Il est nécessaire, vu la prodigieuse distance des Étoiles fixes, que, depuis Saturne jusqu'aux extrémités de notre tourbillon, il y ait un grand espace vide et sans planètes. Nos ennemis nous reprochent l'inutilité de ce grand espace. Qu'ils ne s'inquiètent plus, nous en avons trouvé l'usage; c'est l'appartement des planètes étrangères qui entrent dans notre monde.

— J'entends, dit-elle. Nous ne leur permettons pas d'entrer jusque dans le cœur de notre tourbillon, et de se mêler avec nos planètes; nous les recevons comme le Grand-Seigneur reçoit les ambassadeurs qu'on lui envoie. Il ne leur fait pas l'honneur de les loger à Constantinople, mais seulement dans un faubourg de la ville.

— Nous avons encore cela de commun avec les Ottomans, repris-je, qu'ils reçoivent des ambassadeurs sans en renvoyer, et que nous ne renvoyons point de nos planètes aux mondes voisins.

— A en juger par toutes ces choses, répliqua-t-elle, nous sommes bien fiers. Cependant, je ne sais pas trop encore ce que j'en dois croire. Ces planètes étrangères ont un air bien menaçant avec leurs queues et leurs barbes, et peut-être on nous les envoie pour nous insulter; au lieu que les nôtres, qui ne sont pas faites de la même manière, ne seraient pas si propres à se faire craindre quand elles iraient dans les autres mondes.

— Les queues et les barbes, répondis-je, ne sont que de pures apparences. Les planètes étrangères ne diffèrent en rien des nôtres;

mais en entrant dans notre tourbillon elles prennent la queue ou la barbe par une certaine sorte d'illumination qu'elles reçoivent du Soleil, et qui, entre nous, n'a pas encore été trop bien expliquée : mais toujours on est sûr qu'il ne s'agit que d'une espèce d'illumination; on la devinera quand on pourra.

— Je voudrais donc bien, reprit-elle, que notre Saturne allât prendre une queue ou une barbe dans quelque autre tourbillon, et y répandre l'effroi; et qu'ensuite, ayant mis bas cet accompagnement terrible, il revînt se ranger ici avec les autres planètes à ses fonctions ordinaires.

— Il vaut mieux pour lui, répondis-je, qu'il ne sorte point de notre tourbillon. Je vous ai dit le choc qui se fait à l'endroit où deux tourbillons se poussent et se repoussent l'un l'autre; je crois que dans ce pays-là une pauvre planète est agitée assez rudement, et que ses habitants ne s'en portent pas mieux. Nous croyons, nous autres, être bien malheureux quand il nous paraît une comète; c'est la comète elle-même qui est bien malheureuse.

— Je ne le crois point, dit la marquise; elle nous apporte tous ses habitants en bonne santé. Rien n'est si divertissant que de changer ainsi de tourbillon. Nous, qui ne sortons jamais du nôtre, nous menons une vie assez ennuyeuse. Si les habitants d'une comète ont assez d'esprit pour prévoir le temps

de leur passage dans notre monde, ceux qui
ont déjà fait le voyage annoncent aux autres
par avance ce qu'ils y verront. Vous décou-
vrirez bientôt une planète qui a un grand
anneau autour d'elle, disent-ils peut-être en
parlant de Saturne. Vous en verrez une autre
qui en a quatre petites qui la suivent. Peut-
être même y a-t-il des gens destinés à observer le moment où ils entrent dans notre
monde, et qui crient aussitôt : *nouveau Soleil! nouveau Soleil!* comme ces matelots qui
crient : *terre! terre!*

— Il ne faut donc plus songer, lui dis-je, à
vous donner de la pitié pour les habitants
d'une Comète, mais j'espère, du moins, que
vous plaindrez ceux qui vivent dans un tourbillon dont le Soleil vient à s'éteindre, et qui
demeurent dans une nuit éternelle.

— Quoi! s'écria-t-elle, des soleils s'éteignent?

— Oui, sans doute, répondis-je. Les anciens ont vu dans le Ciel des Étoiles fixes que
nous n'y voyons plus. Ces soleils ont perdu
leur lumière : grande désolation assurément
dans tout le tourbillon, mortalité générale
sur toutes les planètes; car que faire sans
soleil?

— Cette idée est trop funeste, reprit-elle.
N'y aurait-il pas moyen de me l'épargner?

— Je vous dirai, si vous voulez, répondis-
je, ce que disent de fort habiles gens : que les

Etoiles fixes qui ont disparu ne sont pas pour cela éteintes; que ce sont des soleils qui ne le sont qu'à demi, c'est-à-dire qui ont une moitié obscure, et l'autre lumineuse; que, comme ils tournent sur eux-mêmes, tantôt ils nous présentent la moitié lumineuse, tantôt la moitié obscure, et qu'alors nous ne les voyons plus: selon toutes les apparences, la cinquième lune de Saturne est faite ainsi; car, pendant une partie de sa révolution, on la perd absolument de vue, et ce n'est pas qu'elle soit alors plus éloignée de la Terre; au contraire, elle en est quelquefois plus proche que dans d'autres temps où elle se laisse voir : et quoique cette lune soit une planète, qui naturellement ne tire pas à conséquence pour un soleil, on peut fort bien imaginer un soleil qui soit en partie couvert de taches fixes, au lieu que le nôtre n'en a que de passagères. Je prendrais bien, pour vous obliger, cette opinion-là, qui est plus douce que l'autre ; mais je ne puis la prendre qu'à l'égard de certaines étoiles qui ont des temps réglés pour paraître et pour disparaîte, ainsi qu'on a commencé à s'en apercevoir; autrement, les demi-soleils ne peuvent pas subsister. Mais que dirons-nous des étoiles qui disparaissent, et ne se remontrent pas après le temps pendant lequel elles auraient dû assurément achever de tourner sur elles-mêmes? Vous êtes trop équitable pour vouloir m'obliger à croire que ce soient des demi-soleils; cependant, je ferai encore un effort en votre faveur. Ces soleils ne se seront pas éteints; ils se seront seulement enfoncés dans la profondeur immense du ciel, et nous ne pouvons plus les voir : en ce cas, le tourbillon aura suivi son soleil, et tout s'y portera bien. Il est vrai que la plus grande partie des Étoiles fixes n'ont pas ce mouvement par lequel elles s'éloignent de nous; car en d'autres temps elles devraient s'en rapprocher, et nous les verrions tantôt plus grandes, tantôt plus petites, ce qui n'arrive pas. Mais nous supposerons qu'il n'y a que quelques petits tourbillons plus légers et plus agiles qui se glissent entre les autres, et font de certains tours, au bout desquels ils reviennent, tandis que le gros des tourbillons demeure immobile. Mais voici un étrange malheur : il y a des Étoiles fixes qui passent beaucoup de temps à ne faire que paraître et disparaître, et enfin disparaissent entièrement. Des demi-soleils reparaîtraient dans des temps réglés; des soleils qui s'enfonceraient dans le ciel ne disparaîtraient qu'une fois, pour ne reparaître de longtemps. Prenez votre résolution, madame, avec courage; il faut que ces étoiles soient des soleils qui s'obscurcissent assez pour cesser d'être visibles à nos yeux, et ensuite se rallument, et à la fin s'éteignent tout à fait.

— Comment un soleil peut-il s'obscurcir

et s'éteindre, dit la marquise, lui qui en est lui-même une source de lumière?

— Le plus aisément du monde, selon Descartes, répondis-je. Il suppose que les taches de notre Soleil étant des écumes ou des brouillards, elles peuvent s'épaissir, se mettre plusieurs ensemble, s'accrocher les unes aux autres; ensuite, elles iront jusqu'à former autour du Soleil une croûte qui s'augmentera toujours, et adieu le Soleil. Si le Soleil est un feu attaché à une matière solide qui le nourrit, nous n'en sommes pas mieux; la matière solide se consumera. Nous l'avons déjà même échappé belle, dit-on. Le Soleil a été très pâle pendant des années entières, pendant celle, par exemple, qui suivit la mort de César. C'était la croûte qui commençait à se faire; la force du Soleil la rompit et la dissipa; mais si elle eût continué, nous étions perdus.

— Vous me faites trembler, dit la marquise. Présentement que je sais les conséquences de la pâleur du Soleil, je crois qu'au lieu d'aller voir les matins à mon miroir si je ne suis point pâle, j'irai voir au ciel si le Soleil ne l'est point lui-même.

— Ah! madame, répondis-je, rassurez-vous; il faut du temps pour ruiner un monde.

— Mais enfin, dit-elle, il ne faut que du temps.

— Je vous l'avoue, repris-je; toute cette masse immense de matière qui compose l'u-

nivers est dans un mouvement perpétuel dont
aucune de ses parties n'est entièrement
exempte; et dès qu'il y a du mouvement quelque part, ne vous y fiez point; il faut qu'il
arrive des changements, soit lents, soit
prompts, mais toujours dans des temps pro-
portionnés à l'effet. Les anciens étaient plaisants de s'imaginer que les corps célestes
étaient de nature à ne changer jamais, parce
qu'ils ne les avaient pas encore vus changer. Avaient-ils eu le loisir de s'en assurer
par l'expérience? Les anciens étaient jeunes
auprès de nous. Si les roses, qui ne durent
qu'un jour, faisaient des histoires, et se lais-
saient des mémoires les unes aux autres, les
premières auraient fait le portrait de leur
jardinier d'une certaine façon et de plus
de quinze mille âges de roses; les autres, qui
l'auraient encore laissé à celles qui les devaient suivre, n'y auraient rien changé. Sur
cela elles diraient : « Nous avons toujours vu
le même jardinier; de mémoire de rose on
n'a vu que lui; il a toujours été fait comme
il est : assurément, il ne meurt point comme
nous; il ne change seulement pas. » Le raisonnement des roses serait-il bon? Il aurait
pourtant plus de fondement que celui que
faisaient les anciens sur les corps célestes ; et
quand même il ne serait arrivé aucun changement dans les cieux jusqu'à aujourd'hui,
quand ils paraîtraient marquer qu'ils seraient

faits pour durer toujours sans aucune altéra-
tion, je ne les en croirais pas encore, j'atten-
drais une plus longue expérience. Devons-
nous établir notre durée, qui n'est que d'un
instant, pour la mesure de quelque autre ? Serait-ce à dire que ce qui a duré cent mille
fois plus que nous dût toujours durer? On n'est
pas si aisément éternel. Il faudrait qu'une
chose eût passé bien des âges d'hommes mis
bout à bout, pour commencer à donner quelque signe d'immortalité.

— Vraiment, dit la marquise, je vois les
mondes bien éloignés d'y pouvoir prétendre.
Je ne leur ferais seulement pas l'honneur de
les comparer à ce jardinier qui dure tant à
l'égard des roses; ils ne sont que comme les
roses mêmes qui naissent et qui meurent, dans
un jardin, les unes après les autres; car je
m'attends bien que, s'il disparaît des étoiles
anciennes, il en paraît de nouvelles; il faut
que l'espèce se répare.

— Il n'est pas à craindre qu'elle périsse,
répondis-je. Les uns vous diront que ce ne
sont que des soleils qui se rapprochent de
nous, après avoir été longtemps perdus pour
nous dans la profondeur du Ciel. D'autres
vous diront que ce sont des soleils qui se sont
dégagés de cette croûte obscure qui commençait à les environner. Je crois aisément que
tout cela peut être; mais je crois aussi que
l'univers peut avoir été fait de sorte qu'il s'y

formera de temps en temps des soleils nouveaux. Pourquoi la matière propre à faire un soleil ne pourra-t-elle pas, après avoir été dispersée en plusieurs endroits différents, se ramasser à la longue en un certain lieu, et y jeter les fondements d'un nouveau monde? J'ai d'autant plus d'inclination à croire ces nouvelles productions, qu'elles répondent mieux à la haute idée que j'ai des ouvrages de la nature. N'aurait-elle le pouvoir que de faire naître et mourir des planètes ou des animaux par une révolution continuelle? Je suis persuadé, et vous l'êtes déjà aussi, qu'elle met en usage ce même pouvoir sur les mondes, et qu'il ne lui en coûte pas davantage, mais nous avons sur cela plus que de simples conjectures. Le fait est que, depuis près de cent ans que l'on voit avec les lunettes un ciel tout nouveau, et inconnu aux anciens, il n'y a pas beaucoup de constellations où il ne soit arrivé quelque changement sensible; et c'est dans la voie de lait qu'on en remarque le plus, comme si dans cette fourmilière de petits mondes il régnait plus de mouvement et d'inquiétude.

— De bonne foi, dit la marquise, je trouve à présent les mondes, les cieux et les corps célestes si sujets au changement, que m'en voilà tout à fait revenue.

— Revenons-en encore mieux, si vous m'en croyez, répliquai-je; n'en parlons plus; aussi bien, vous voilà arrivée à la dernière voûte des cieux; et pour vous dire s'il y a encore des étoiles au delà, il faudrait être plus habile que je ne suis. Mettez-y encore des mondes, n'y en mettez pas, cela dépend de vous. C'est proprement l'empire des philosophes, que ces grands pays invisibles, qui peuvent être ou n'être pas si on veut, ou être tels que l'on veut. Il me suffit d'avoir mené votre esprit aussi loin que vont vos yeux.

— Quoi ! s'écria-t-elle, j'ai dans la tête tout le système de l'univers ! je suis savante !

— Oui, répliquai-je ; vous l'êtes assez raisonnablement, et vous l'êtes avec la commodité de pouvoir ne rien croire de tout ce que je vous ai dit, dès que l'envie vous en prendra. Je vous demande seulement, pour récompense de mes peines, de ne voir jamais le Soleil ni le Ciel, ni les Etoiles, sans songer à moi.

(Puisque j'ai rendu compte de ces Entretiens au public, je crois ne lui devoir plus rien cacher sur cette matière. Je publierai un nouvel Entretien qui vint longtemps après les autres, mais qui fut précisément de la même espèce. Il portera le nom de Soir, puisque les autres l'ont porté ; il vaut mieux que tout soit sous le même titre.)

SIXIÈME SOIR. — Nouvelles pensées qui confirment celles des Entretiens précédents. — Dernières découvertes qui ont été faites dans le Ciel.

Il y avait longtemps que nous ne parlions plus des mondes, madame L. M. D. G. et moi, et nous commencions même à oublier que nous en eussions jamais parlé, lorsque j'allai un jour chez elle, et y entrai justement comme deux hommes d'esprit, et assez connus dans le monde, en sortaient.

— Vous voyez bien, me dit-elle aussitôt qu'elle me vit, quelle visite je viens de recevoir ; je vous avouerai qu'elle m'a laissée avec quelque soupçon que vous pourriez bien m'avoir gâté l'esprit.

— Je serais bien glorieux, lui répondis-je, d'avoir eu tant de pouvoir sur vous ; je ne crois pas qu'on pût rien entreprendre de plus difficile.

— Je crains pourtant que vous ne l'ayez fait, reprit-elle. Je ne sais comment la conversation s'est tournée sur les mondes, avec ces deux hommes qui viennent de sortir ; peut-être ont-ils amené ce discours malicieusement. Je n'ai pas manqué de leur dire aussitôt que toutes les planètes étaient habitées. L'un d'eux m'a dit qu'il était fort persuadé que je ne le croyais pas : moi, avec toute la

naïveté possible, je lui ai soutenu que je le
croyais; il a toujours pris cela pour une
feinte d'une personne qui voulait se divertir,
et j'ai cru que ce qui le rendait si opiniâtre à
ne me pas croire moi-même sur mes senti-
ments, c'est qu'il m'estimait trop pour s'imaginer que je fusse capable d'une opinion si
extravagante. Pour l'autre, qui ne m'estime
pas tant, il m'a crue sur ma parole. Pourquoi
m'avez-vous entêtée d'une chose que les gens
qui m'estiment ne peuvent pas croire que
je soutienne sérieusement?

— Mais, madame, lui répondis-je, pourquoi la souteniez-vous sérieusement avec des
gens que je suis sûr qui n'entreraient dans
aucun raisonnement qui fût un peu sérieux?
Est-ce ainsi qu'il faut commettre les habitants des planètes? Contentons-nous d'être
une petite troupe choisie qui les croyons, et
ne divulguons pas nos mystères dans le
peuple.

— Comment, s'écria-t-elle, appelez-vous
peuple les deux hommes qui sortent d'ici?

— Ils ont bien de l'esprit, répliquai-je, mais
ils ne raisonnent jamais. Les raisonneurs, qui
sont gens durs, les appelleront peuple sans
difficulté. D'autre part, ces gens-ci s'en ven-
gent en tournant les raisonneurs en ridicule;
et c'est, ce me semble, un ordre très bien
établi, que chaque espèce méprise ce qui lui
manque. Il faudrait, s'il était possible, s'ac

commoder à chacune; il eût bien mieux valu plaisanter des habitants des planètes avec ces deux hommes que vous venez de voir, puisqu'ils savent plaisanter, que d'en raisonner, puisqu'ils ne le savent pas faire. Vous en seriez sortie avec leur estime, et les planètes n'y auraient pas perdu un seul de leurs habitants.

— Trahir la vérité! dit la marquise. Vous n'avez point de conscience.

— Je vous avoue, répondis-je, que je n'ai pas un grand zèle pour ces vérités-là, et que je les sacrifie volontiers aux moindres commodités de la société. Je vois, par exemple, à quoi il tient, et à quoi il tiendra toujours, que l'opinion des habitants des planètes ne passe pour aussi invraisemblable qu'elle l'est. Les planètes se présentent toujours aux yeux comme des corps qui jettent de la lumière, et non point comme de grandes campagnes ou de grandes prairies. Nous croirions bien que des prairies et des campagnes seraient habitées; mais des corps lumineux, il n'y a pas moyen. La raison a beau venir nous dire qu'il y a, dans les planètes, des campagnes, des prairies; la raison vient trop tard, le premier coup d'œil a fait son effet sur nous avant elle; nous ne la voulons plus écouter. Les planètes ne sont plus que des corps lumineux; et puis, comment seraient faits leurs habitants? Il faudrait que notre imagination nous représentât aussitôt leurs figures ; elle ne le peut pas ; c'est le plus court de croire qu'ils ne sont point. Voudriez-vous que pour établir les habitants des planètes, dont les intérêts me touchent d'assez loin, j'allasse attaquer ces redoutables puissances qu'on appelle les sens et l'imagination? Il faudrait bien du courage pour cette entreprise ; on ne persuade pas facilement aux hommes de mettre leur raison en la place de leurs yeux. Je vois quelquefois bien des gens assez raisonnables pour vouloir bien croire, après mille preuves, que les planètes sont des terres; mais ils ne le croient pas de la même façon qu'ils le croiraient, s'ils ne les avaient pas vues sous une apparence différente; il leur souvient toujours de la première idée qu'ils en ont prise, et ils n'en reviennent pas bien. Ce sont ces gens-là qui, en croyant notre opinion, semblent cependant lui faire grâce, et ne la favoriser qu'à cause d'un certain plaisir que leur fait sa singularité.

— Eh quoi! interrompit-elle, n'en est-il pas assez pour une opinion qui n'est que vraisemblable ?

— Vous seriez bien étonnée, repris-je, si je vous disais que le terme de vraisemblance est assez modeste. Est-il simplement vraisemblable qu'Alexandre ait été? Vous vous en tenez fort sûre, et sur quoi est fondée cette certitude? Sur ce que vous en avez toutes les preuves que vous pouvez souhaiter en pareille matière, et qu'il ne se présente pas le moindre sujet de douter, qui suspende et qui arrête votre esprit; car, du reste, vous n'avez jamais vu Alexandre, et vous n'avez pas de démonstration mathématique qu'il ait dû être.

Mais que diriez-vous, si les habitants des planètes étaient à peu près dans le même cas? On ne saurait vous les faire voir, et vous ne pouvez pas demander qu'on vous les démontre comme l'on ferait une affaire de mathématique : mais toutes les preuves qu'on peut souhaiter d'une pareille chose, vous les avez; la ressemblance entière des planètes avec la terre qui est habitée, l'impossibilité d'imaginer aucun autre usage pour lequel elles eussent été faites, la fécondité et la magnificence de la nature, de certains égards qu'elle paraît avoir eus pour les besoins de leurs habitants, comme d'avoir donné des lunes aux planètes éloignées du Soleil, et plus de lunes aux plus éloignées : et, ce qui est très important, tout est de ce côté-là, et rien du tout de l'autre; et vous ne sauriez imaginer le moindre sujet de doute, si vous ne reprenez les yeux et l'esprit du peuple. Enfin, supposé qu'ils soient, ces habitants des planètes, ils ne sauraient se déclarer par plus de marques, et par des marques plus sensibles; et après cela c'est à vous à voir si vous ne les voulez traiter que de chose purement vraisemblable.

— Mais vous ne voudriez pas, reprit-elle, que cela me parût aussi certain qu'il me le paraît qu'Alexandre a été?

— Non pas tout à fait, répondis-je; car, quoique nous ayons sur les habitants des planètes autant de preuves que nous en pouvons avoir dans la situation où nous sommes, le grand nombre de ces preuves n'est pourtant pas grand.

— Je m'en vais renoncer aux habitants des planètes, interrompit-elle, car je ne sais plus en quel rang les mettre dans mon esprit : ils ne sont pas tout à fait certains, ils sont plus que vraisemblables; cela m'embarrasse trop.

— Ah! madame, répliquai-je, ne vous découragez pas. Les horloges les plus communes et les plus grossières marquent les heures; il n'y a que celles qui sont travaillées avec plus d'art qui marquent les minutes. De même, les esprits ordinaires sentent bien la différence d'une simple vraisemblance à une certitude entière; mais il n'y a que les esprits fins qui sentent le plus ou le moins de certitude ou de vraisemblance, et qui en marquent, pour ainsi dire, les minutes par leur sentiment. Placez les habitants des planètes un peu au-dessous d'Alexandre, mais au-dessus de je ne sais combien de points d'histoire qui ne sont pas tout à fait prouvés : je crois qu'ils seront bien là.

— J'aime l'ordre, dit-elle, et vous me faites plaisir d'arranger mes idées ; mais pourquoi n'avez-vous pas pris déjà ce soin-là ?

— Parce que quand vous croirez les habitants des planètes un peu plus ou un peu moins qu'ils ne méritent, il n'y aura pas grand mal, répondis-je. Je suis sûr que vous ne croyez pas le mouvement de la Terre autant qu'il devrait être cru ; en êtes-vous beaucoup à plaindre ?

— Oh ! pour cela, reprit-elle, j'en fais bien mon devoir, vous n'avez rien à me reprocher ; je crois fermement que la Terre tourne.

— Je ne vous ai pourtant pas dit la meilleure raison qui le prouve, répliquai-je.

— Ah ! s'écria-t-elle, c'est une trahison de m'avoir fait croire les choses avec de faibles preuves. Vous ne me jugiez donc pas digne de croire sur de bonnes raisons ?

— Je ne vous prouvais les choses, répondis-je, qu'avec de petits raisonnements doux, et accommodés à votre usage ; en eussé-je employé d'aussi solides et d'aussi robustes que si j'avais eu à attaquer un docteur ?

— Oui, dit-elle ; prenez-moi présentement pour un docteur, et voyons cette nouvelle preuve du mouvement de la Terre.

— Volontiers, repris-je ; la voici. Elle me plaît fort, peut-être parce que je crois l'avoir trouvée; cependant, elle est si bonne et si naturelle, que je n'oserais m'assurer d'en être l'inventeur. Il est toujours sûr qu'un savant entêté qui y voudrait répondre serait réduit à parler beaucoup: ce qui est la seule manière dont un savant puisse être confondu. Il faut, ou que tous les corps célestes tournent en vingt-quatre heures autour de la Terre, ou que la Terre, tournant sur elle-même en vingt-quatre heures, attribue ce mouvement à tous les corps célestes. Mais qu'ils aient réellement cette révolution de vingt-quatre heures autour de la Terre, c'est bien la chose du monde où il y a le moins d'apparence, quoique l'absurdité n'en saute pas d'abord aux yeux. Toutes les planètes font certainement leurs grandes révolutions autour du Soleil; mais ces révolutions sont inégales entre elles, selon les distances où les planètes sont du Soleil; les plus éloignées font leur cours en plus de temps, ce qui est fort naturel. Cet ordre s'observe même entre les petites planètes subalternes qui tournent autour d'une grande. Les quatre lunes de Jupiter, les cinq de Saturne, font leurs cercles en plus ou moins de temps autour de leur grande planète, selon qu'elles en sont plus ou moins éloignées. De plus, il est sûr que les planètes ont des mouvements sur leurs propres centres; ces mouvements sont encore inégaux: on ne sait pas bien sur quoi se règle cette inégalité: si c'est ou sur la différente grosseur des planètes, ou sur leur différente solidité, ou sur la différente vitesse des tourbillons particuliers qui les enferment et des matières liquides où elles sont portées; mais enfin l'inégalité est très certaine, et en général tel est l'ordre de la nature, que tout ce qui est commun à plusieurs choses se trouve en même temps varié par des différences particulières.

— Je vous entends, interrompit la marquise, et je crois que vous avez raison. Oui, je suis de votre avis : si les planètes tournaient autour de la Terre, elles tourneraient en des temps inégaux selon leurs distances, ainsi qu'elles font autour du Soleil; n'est-ce pas ce que vous voulez me dire?

— Justement, madame, repris-je; leurs distances, inégales à l'égard de la Terre, devraient produire des différences dans ce mouvement prétendu autour de la Terre; et les Étoiles fixes, qui sont si prodigieusement éloignées de nous, si fort élevées au-dessus de tout ce qui pourrait prendre autour de nous un mouvement général, du moins situées en lieu où ce mouvement devrait être fort affaibli, n'y aurait-il pas bien de l'apparence qu'elles ne tourneraient pas autour de nous en vingt-quatre heures comme la Lune, qui en est si proche? Les Comètes, qui sont étrangères dans notre tourbillon, qui y tiennent des routes si différentes les unes des

autres, qui ont aussi des vitesses si différentes, ne devraient-elles pas être dispensées de
tourner toutes autour de nous dans ce même
temps de vingt-quatre heures? Mais non ; Planètes, Etoiles fixes, Comètes, tout tournera
en vingt-quatre heures autour de la Terre.
Encore, s'il y avait dans ces mouvements
quelques minutes de différence, on pourrait
s'en contenter : mais ils seront tous de la plus
exacte égalité, ou plutôt de la seule égalité
exacte qui soit au monde; pas une minute
de plus ou de moins. En vérité, cela doit être
étrangement suspect.

— Oh! dit la marquise, puisqu'il est possible que cette grande égalité ne soit que
dans notre imagination, je me tiens fort sûre
qu'elle n'est point hors de là. Je suis bien aise
qu'une chose qui n'est point du génie de la
nature retombe entièrement sur nous, et
qu'elle en soit déchargée, quoique ce soit à
nos dépens.

— Pour moi, repris-je, je suis si ennemi de
l'égalité parfaite, que je ne trouve pas bon
que tous les tours que la Terre fait chaque
jour sur elle-même soient précisément de
vingt-quatre heures, et toujours égaux les
uns aux autres; j'aurais assez d'inclination à
croire qu'il y a des différences.

— Des différences! s'écria-t-elle; et nos
pendules ne marquent-elles pas une entière
égalité?

— Oh ! répondis-je, je récuse les pendules ;
elles ne peuvent pas elles-mêmes être tout à
fait justes, et quelquefois qu'elles le seront en
marquant qu'un tour de vingt-quatre heures sera plus long ou plus court qu'un autre,
on aimera mieux les voir déréglées que de
soupçonner la Terre de quelque irrégularité
dans ses révolutions. Voilà un plaisant respect
qu'on a pour elle ; je ne me fierais guère plus
à la Terre qu'à une pendule ; les mêmes choses à peu près qui dérégleront l'une dérégleront l'autre ; je crois seulement qu'il faut
plus de temps à la Terre qu'à une pendule
pour se déranger sensiblement ; c'est tout l'a-
vantage qu'on lui peut accorder. Ne pourrait-
elle pas peu à peu s'approcher du Soleil ? Et
alors, se trouvant dans un endroit où la matière serait plus agitée et le mouvement plus
rapide, elle ferait en moins de temps sa dou-
ble révolution et autour du Soleil et autour
d'elle-même. Les années seraient plus courtes
et les jours aussi ; mais on ne pourrait s'en
apercevoir, parce qu'on ne laisserait pas de
partager toujours les années en trois cent
soixante-cinq jours, et les jours en vingt-
quatre heures. Ainsi, sans vivre plus que nous
ne vivons présentement, on vivrait plus d'années ; et au contraire, que la Terre s'éloigne
du Soleil, on vivra moins d'années que nous,
et on ne vivra pas moins.

—Il y a beaucoup d'apparence, dit-elle,

que, quand cela serait, de longues suites de siècles ne produiraient que de bien petites différences.

— J'en conviens, répondis-je ; la conduite de la nature n'est pas brusque, et sa méthode est d'amener tout par des degrés qui ne sont sensibles que dans les changements fort prompts et fort aisés. Nous ne sommes presque capables de nous apercevoir que de celui des saisons; pour les autres, qui se font avec une certaine lenteur, ils ne manquent guère de nous échapper. Cependant, tout est dans un branle perpétuel, et par conséquent tout change ; et il n'y a pas jusqu'à une certaine demoiselle que l'on a vue dans la Lune avec des lunettes, il y a peut-être quarante ans, qui ne soit considérablement vieillie. Elle avait un assez beau visage; ses joues se sont enfoncées, son nez s'est allongé, son front et son menton se sont avancés, de sorte que tous ses agréments sont évanouis, et que l'on craint même pour ses jours.

— Que me contez-vous là ? interrompit la marquise.

— Ce n'est point une plaisanterie, repris-je. On apercevait dans la Lune une figure particulière qui avait de l'air d'une tête de femme qui sortait d'entre des rochers, et il est arrivé du changement dans cet endroit-là. Il est tombé quelques morceaux de montagnes, et ils ont laissé à découvert trois pointes qui ne

peuvent plus servir qu'à composer un front,
un nez et un menton de vieille.

— Ne semble-t-il pas, dit-elle, qu'il y ait
une destinée malicieuse qui en veuille parti-
culièrement à la beauté ? Ç'a été justement
cette tête de demoiselle qu'elle a été attaquer sur toute la Lune.

— Peut-être qu'en récompense, répliquai-
je, les changements qui arrivent sur notre
Terre embellissent quelque visage que les
gens de la Lune y voient : j'entends quelque
visage à la manière de la Lune ; car chacun
transporte sur les objets les idées dont il est
rempli. Nos astronomes voient sur la Lune
des visages de demoiselles ; il pourrait être
que des femmes qui observeraient y verraient
de beaux visages d'hommes. Moi, madame, je
ne sais si je ne vous y verrais point.

— J'avoue, dit-elle, que je ne pourrais pas
me défendre d'être obligée à qui me trouverait là ; mais je retourne à ce que vous me
disiez tout à l'heure ; arrive-t-il sur la Terre
des changements considérables ?

— Il y a beaucoup d'apparence, répondis-je,
qu'il y en est arrivé. Plusieurs montagnes élevées et fort éloignées de la mer ont de grands
lits de coquillages qui marquent nécessairement que l'eau les a autrefois couvertes. Souvent, assez loin encore de la mer, on trouve des
pierres où sont des poissons pétrifiés. Qui peut
les avoir mis là, si la mer n'y a pas été ? Les

fables disent qu'Hercule sépara avec ses deux mains deux montagnes nommées Calpé et Abila, qui, étant situées entre l'Afrique et l'Espagne, arrêtaient l'Océan; et qu'aussitôt la mer entra avec violence dans les terres, et fit ce grand golfe qu'on appelle la Méditerranée. Les fables ne sont point tout à fait des fables; ce sont des histoires des temps reculés, mais qui ont été défigurées ou par l'ignorance des peuples, ou par l'amour qu'ils avaient pour le merveilleux, très anciennes maladies des hommes. Qu'Hercule ait séparé deux montagnes avec ses deux mains, cela n'est pas trop croyable : mais que du temps de quelque Hercule, car il y en a cinquante, l'Océan ait enfoncé deux montagnes plus faibles que les autres, peut-être à l'aide de quelque tremblement de terre, et se soit jeté entre l'Europe et l'Afrique, je le croirais sans beaucoup de peine. Ce fut alors une belle tache que les habitants de la Lune virent paraître tout à coup sur notre Terre; car vous savez, madame, que les mers sont des taches. Du moins l'opinion commune est que la Sicile a été séparée de l'Italie, et Cypre de la Syrie; il s'est quelquefois formé de nouvelles îles dans la mer; des tremblements de terre ont abîmé des montagnes, en ont fait naître d'autres, et ont changé le cours des rivières. Les philosophes nous font craindre que le royaume de Naples et la Sicile, qui sont des terres appuyées sur de grandes voûtes souterraines remplies de soufre, ne fondent quelque jour, quand les voûtes ne seront plus assez fortes pour résister aux feux qu'elles renferment, et qu'elles exhalent présentement par des soupiraux tels que le Vésuve et l'Etna. En voilà assez pour diversifier un peu le specta. cle que nous donnons aux gens de la Lune.

— J'aimerais bien mieux, dit la marquise, que nous les ennuyassions en leur donnant toujours le même, que de les divertir par des provinces abîmées.

— Cela ne serait encore rien, repris-je, en comparaison de ce qui se passe dans Jupiter. Il paraît sur sa surface comme des bandes dont il serait enveloppé, et que l'on distingue les unes des autres, ou des intervalles qui sont entre elles, par des différents degrés de clarté ou d'obscurité. Ce sont des terres et des mers, ou enfin de grandes parties de la surface de Jupiter aussi différentes entre elles. Tantôt ces bandes s'étrécissent, tantôt elles s'élargissent; elles s'interrompent quelquefois, et se réunissent ensuite; il s'en forme de nouvelles en divers endroits, et il s'en efface, et tous ces changements, qui ne sont sensibles qu'à nos meilleures lunettes, sont en eux-mêmes beaucoup plus considérables que si notre Océan inondait toute la terre ferme, et laissait en sa place de nouveaux continents. A moins que les habitants de Jupiter ne soient amphibies, et qu'ils ne vivent également sur la terre et dans l'eau, je ne sais pas trop bien ce qu'ils deviennent. On voit aussi sur la surface de Mars de grands changements, et même d'un mois à l'autre. En aussi peu de temps, des mers couvrent de grands continents ou se retirent par un flux et reflux infiniment plus violent que le nôtre, ou du moins c'est quelque chose d'équivalent. Notre planète est bien tranquille auprès de ces deux-là, et nous avons grand sujet de nous en louer, et encore plus s'il est vrai qu'il y ait eu dans Jupiter des pays, grands comme toute l'Europe, embrasés.

— Embrasés! s'écria la marquise. Vraiment, ce serait là une nouvelle considérable!

— Très considérable, répondis-je. On a vu dans Jupiter, il y a peut-être vingt ans, une longue lumière plus éclatante que le reste de la planète. Nous avons eu ici des déluges, mais rarement; peut-être que dans Jupiter ils ont rarement aussi de grands incendies, sans préjudice des déluges, qui y sont communs. Mais, quoi qu'il en soit, cette lumière de Jupiter n'est nullement comparable à une autre qui, selon les apparences, est aussi ancienne que le monde, et que l'on n'avait pourtant jamais vue.

— Comment une lumière fait-elle pour se cacher? dit-elle; il faut pour cela une adresse singulière.

— Celle-là, repris-je, ne paraît que dans le temps des crépuscules, de sorte que le plus souvent ils sont assez longs et assez forts pour la couvrir; et que quand ils peuvent la laisser paraître, ou les vapeurs de l'horizon la dérobent, ou elle est si peu sensible, qu'à moins que d'être fort exact, on la prend pour les crépuscules mêmes. Mais enfin, depuis trente ans, on l'a démêlée sûrement, et elle a fait quelque temps les délices des astronomes, dont la curiosité avait besoin d'être réveillée par quelque chose d'une espèce nouvelle. Ils eussent eu beau découvrir de nouvelles planètes subalternes, ils n'en étaient presque plus touchés. Les deux dernières lunes de Saturne, par exemple, ne les ont pas charmés ni ravis, comme avaient fait les satellites ou les lunes de Jupiter; on s'accoutume à tout. On voit donc un mois devant et après l'équinoxe de mars, lorsque le Soleil est couché et le crépuscule fini, une certaine lumière blanchâtre qui ressemble à une queue de comète. On la voit avant le lever du Soleil et avant le crépuscule vers l'équinoxe de septembre, et on la voit soir et matin vers le solstice d'hiver. Hors de là elle ne peut, comme je viens de vous dire, se dégager des crépuscules, qui ont trop de force et de durée; car on suppose qu'elle subsiste toujours, et l'apparence y est tout entière. On commence à conjecturer qu'elle est produite par quelque grand amas de matière un peu épaisse qui environne le Soleil jusqu'à une certaine étendue. La plupart de ses rayons percent cette enceinte, et viennent à nous en ligne droite; mais il y en a qui, allant donner contre la surface intérieure de cette matière, en sont renvoyés vers nous, et y arrivent lorsque les rayons directs ou ne peuvent pas encore y arriver le matin, ou ne peuvent plus y arriver le soir. Comme ces rayons réfléchis partent de plus haut que les rayons directs, nous devons les avoir plus tôt, et les perdre plus tard. Sur ce pied-là, je dois me dédire de ce que je vous avais dit, que la Lune ne devait point avoir de crépuscules, faute d'être environnée d'un air épais, ainsi que la Terre. Elle n'y perdra rien; ses crépuscules lui viendront de cette espèce d'air épais qui environne le Soleil, et qui en renvoie les rayons dans des lieux où ceux qui partent directement de lui ne peuvent aller.

— Mais ne voilà-t-il pas aussi, dit la marquise, des crépuscules assurés pour toutes les planètes, qui n'auront pas besoin d'être enveloppées chacune d'un air grossier, puisque celui qui enveloppe le Soleil seul peut faire cet effet-là pour tout ce qu'il y a de planètes dans le tourbillon? Je croirais assez volontiers que la nature, selon le penchant que je lui connais à l'économie, ne se serait servi que de ce seul moyen.

— Cependant, répliquai-je, malgré cette économie, il y aurait à l'égard de notre Terre deux causes de crépuscules, dont l'une, qui est l'air épais du Soleil, serait assez inutile, et ne pourrait être qu'un objet de curiosité pour les habitants de l'observatoire; mais il faut tout dire : il se peut qu'il n'y ait que la Terre qui pousse hors de soi des vapeurs et des exhalaisons assez grossières pour produire des crépuscules; et la nature aura eu raison de pourvoir, par un moyen général, au besoin de toutes les autres planètes, qui seront, pour ainsi dire, plus pures, et dont les évaporations seront plus subtiles. Nous sommes peut-être ceux d'entre tous les habitants des mondes de notre tourbillon à qui il fallait donner à respirer l'air le plus grossier et le plus épais. Avec quel mépris nous regarderaient les habitants des autres planètes, s'ils savaient cela !

— Ils auraient tort, dit la marquise; on n'est pas à mépriser, pour être enveloppé d'un air épais, puisque le Soleil lui-même en a un qui l'enveloppe. Dites-moi, je vous prie, cet air n'est-il point produit par de certaines vapeurs que vous m'avez dit autrefois qui sortaient du Soleil, et ne sert-il point à rompre la première force des rayons, qui aurait peut-être été excessive? Je conçois que le Soleil pourrait être naturellement voilé, pour être plus proportionné à nos usages.

— Voilà, madame, répondis-je, un petit commencement de système que vous avez fait assez heureusement. On y pourrait ajouter que ces vapeurs produiraient des espèces de pluies qui retomberaient dans le Soleil pour le rafraîchir, de la même manière que l'on jette quelquefois de l'eau dans une forge dont le feu est trop ardent. Il n'y a rien qu'on ne doive présumer de l'adresse de la nature ; mais elle a une autre sorte d'adresse toute particulière pour se dérober à nous, et on ne doit pas s'assurer aisément d'avoir deviné sa manière d'agir, ni ses desseins. En fait de découvertes nouvelles, il ne faut pas trop se presser de raisonner, quoiqu'on en ait toujours assez d'envie ; et les vrais philosophes sont comme les éléphants, qui en marchant ne posent jamais le second pied à terre que le premier ne soit bien affermi.

— La comparaison me paraît d'autant plus juste, interrompit-elle, que le mérite de ces deux espèces, éléphants et philosophes, ne consiste nullement dans les agréments extérieurs. Je consens que nous imitions le jugement des uns et des autres ; apprenez-moi encore quelques-unes des dernières découvertes, et je vous promets de ne point faire de système précipité.

— Je viens de vous dire, répondis-je, toutes les nouvelles que je sais du Ciel, et je ne crois pas qu'il y en ait de plus fraîches. Je suis bien fâché qu'elles ne soient pas aussi surprenantes et aussi merveilleuses que quelques observations que je lisais l'autre jour dans un abrégé des *Annales de la Chine*, écrit en latin. On voit des mille étoiles à la fois qui tombent du ciel dans la mer avec un grand fracas, ou qui se dissolvent et s'en vont en pluie. Cela n'a pas été vu pour une fois à la Chine; j'ai trouvé cette observation en deux temps assez éloignés, sans compter une étoile qui s'en va crever vers l'Orient comme une fusée, toujours avec grand bruit. Il est fâcheux que ces spectacles-là soient réservés pour la Chine, et que ces pays-ci n'en aient jamais eu leur part. Il n'y a pas longtemps que tous nos philosophes se croyaient fondés en expérience pour soutenir que les cieux et tous les corps célestes étaient incorruptibles et incapables de changement; et pendant ce temps-là d'autres hommes, à l'autre bout de la terre, voyaient des étoiles se dissoudre par milliers : cela est assez différent.

— Mais, dit-elle, n'ai-je pas toujours ouï dire que les Chinois étaient de si grands astronomes?

— Il est vrai, repris-je; mais les Chinois y ont gagné à être séparés de nous par un long espace de terre, comme les Grecs et les Romains à être séparés par une longue suite de siècles; tout éloignement est en droit de nous en imposer. En vérité, je crois toujours de plus en plus qu'il y a un certain génie qui n'a point encore été hors de notre Europe, ou qui du moins ne s'en est pas beaucoup éloigné. Peut-être qu'il ne lui est pas permis de se répandre dans une grande étendue de terre à la fois, et que quelque fatalité lui prescrit des bornes assez étroites. Jouissons-en tandis que nous le possédons : ce qu'il y a de meilleur, c'est qu'il ne se renferme pas dans les sciences et dans les spéculations sèches; il s'étend avec autant de succès jusqu'aux choses d'agrément, sur lesquelles je doute qu'aucun peuple nous égale. Ce sont celles-là, madame, auxquelles il vous appartient de vous occuper, et qui doivent composer toute votre philosophie.

FIN DE LA PLURALITÉ DES MONDES

DU BONHEUR[1]

Voici une matière, la plus intéressante de toutes, dont tout le monde parle, que les philosophes, surtout les anciens, ont traitée avec beaucoup d'étendue ; mais, quoique très intéressante, elle est dans le fond assez négligée; quoique tout le monde en parle, peu de gens y pensent.

On entend ici, par le mot de bonheur, un état, une situation telle, qu'on en désirât la durée sans changement ; et, en cela, le bonheur est différent du plaisir, qui n'est qu'un sentiment agréable, mais court et passager, et qui ne peut jamais être un état. La douleur aurait bien plutôt le privilége d'en pouvoir être un.

A mesurer le bonheur des hommes seule-

[1] Nous eussions voulu, pour compléter le présent volume, faire dans les nombreux opuscules de Fontenelle un choix qui pût cadrer avec les *Entretiens sur la Pluralité des mondes*, si l'espace qui nous est laissé ne nous mettait dans la nécessité de nous arrêter à ce court *Traité du Bonheur*, rempli d'idées ingénieuses et subtiles, comme il était permis d'en attendre de l'homme heureux par excellence. Il nous a semblé qu'il y aurait quelque intérêt pour les lecteurs à connaître sur le bonheur toute la pensée d'un écrivain qui avait si habilement arrangé sa vie, que la plus légère infortune ne put jamais l'atteindre, si nous exceptons toutefois quelques mésaventures littéraires aussitôt oubliées que subies.

(*Note des éditeurs.*)

ment par le nombre et la vivacité des plaisirs
qu'ils ont dans le cours de leur vie, peut-être
y a-t-il un assez grand nombre de conditions
assez égales, quoique fort différentes. Celui
qui a moins de plaisirs les sent plus vivement,
il en sent une infinité que les autres ne sentent plus ou n'ont jamais sentis ; et, à cet
égard, la nature fait assez bien son devoir de
mère commune. Mais si, au lieu de considérer
ces instants répandus dans la vie de chaque
homme, on considère le fond des vices mêmes,
on voit qu'il est fort inégal ; qu'un homme qui
a, si l'on veut, pendant sa journée, autant de
bons moments qu'un autre, est tout le reste du
temps beaucoup plus mal à son aise, et que la
compensation cesse entièrement d'avoir lieu.

C'est donc l'état qui fait le bonheur ; mais
ceci est très fâcheux pour le genre humain.
Une infinité d'hommes sont dans des états
qu'ils ont raison de ne pas aimer ; un nombre
presque aussi grand sont incapables de se
contenter d'aucun état : les voilà donc presque tous exclus du bonheur, et il ne leur reste
pour ressources que des plaisirs, c'est-à-dire
des moments semés çà et là sur un fond triste
qui en sera un peu égayé. Les hommes, dans
ces moments, reprennent les forces nécessaires à leur malheureuse situation, et se re-
montent pour souffrir.

Celui qui voudrait fixer son état, non par la
crainte d'être pis, mais parce qu'il serait

content, mériterait le nom d'heureux : on l
reconnaîtrait entre tous les autres hommes
à une espèce d'immobilité dans sa situation;
il n'agirait que pour s'y conserver, et non
pas pour en sortir. Mais cet homme-là a-t-il
paru en quelque endroit de la terre ? On en
pourrait douter, parce qu'on ne s'aperçoit de
ceux qui sont dans cette immobilité fortunée;
au lieu que les malheureux qui s'agitent composent le tourbillon du monde, et se font
bien sentir les uns aux autres par les chocs
violents qu'ils se donnent. Le repos même de
l'heureux, s'il est aperçu, peut passer pour
être forcé, et tous les autres sont intéressés à
n'en pas prendre une idée plus avantageuse.
Ainsi l'existence de l'homme heureux pourrait être assez facilement contestée. Admet-
tons-la cependant, ne fût-ce que pour nous
donner des espérances agréables; mais il est
vrai que, retenues dans certaines bornes, elles ne seront pas chimériques.

Quoi qu'en disent les fiers stoïciens, une
grande partie de notre bonheur ne dépend pas
de nous. Si l'un d'eux, pressé par la goutte, lui
a dit : « Je n'avouerai pourtant pas que tu
sois un mal, » il a dit la plus extravagante
parole qui soit jamais sortie de la bouche
d'un philosophe. Un empereur de l'univers,
enfermé aux Petites Maisons, déclare naïve-
ment un sentiment dont il a le malheur d'être
plein ; celui-ci, par engagement de système,

nie un sentiment très vif, et en même temps l'avoue par l'effort qu'il fait pour le nier. N'ajoutons pas à tous les maux que la nature et la fortune peuvent nous envoyer, la ridicule et inutile vanité de nous croire invulnérables.

Il serait moins déraisonnable de se persuader que notre bonheur ne dépend point du tout de nous; et presque tous les hommes ou le croient, ou agissent comme s'ils le croyaient. Incapables de discernement et de choix, poussés par une impétuosité aveugle, attirés par des objets qu'ils ne voient qu'au travers de mille nuages, entraînés les uns et les autres sans savoir où ils vont, ils composent une multitude confuse et tumultueuse qui semble n'avoir d'autre dessein que de s'agiter sans cesse. Si, dans tout ce désordre, des rencontres favorables peuvent en rendre quelques-uns heureux pour quelques moments, à la bonne heure; mais il est sûr qu'ils ne sauront ni prévenir ni modérer le choc de tout ce qui peut les rendre malheureux. Ils sont absolument à la merci du hasard.

Nous pouvons quelque chose à notre bonheur, mais ce n'est pas par nos façons de penser; et il faut convenir que cette condition est assez dure. La plupart ne pensent que comme il plaît de tout ce qui les environne; ils n'ont pas un certain gouvernail qui leur puisse servir à tourner leurs pensées d'un autre côté qu'elles n'ont été poussées par le courant.

Les utres ont des pensées si fortement pliées vers le mauvais côté, et si inflexibles, qu'il serait inutile de les vouloir tourner d'un autre. Enfin quelques-uns, à qui ce travail pourrait réussir, et serait même assez facile, le rejettent parce que c'est un travail, et en dédaignent le fruit qu'ils croient trop médiocre. Que serait-ce que ce misérable bonheur factice pour lequel il faudrait tant raisonner? Vaut-il la peine qu'on s'en tourmente? On peut le laisser aux philosophes avec leurs autres chimères : tant d'étude pour être heureux empêcherait de l'être.

Ainsi, il n'y a qu'une partie de notre bonheur qui puisse dépendre de nous, et de cette petite partie peu de gens en ont la disposition ou en tirent profit. Il faut que les caractères ou faibles ou paresseux, ou impétueux et violents, ou sombres et chagrins, y renoncent tous. Il en reste quelques-uns, doux et modérés, et qui admettent plus volontiers les idées ou les impressions agréables: ceux-là peuvent travailler utilement à se rendre heureux. Il est vrai que par la faveur de la nature ils le sont déjà assez, et que le secours de la philosophie ne paraît pas leur être fort nécessaire; mais il n'est presque jamais que pour ceux qui en ont le moins de besoin; et ils ne laissent pas d'en sentir l'importance, surtout quand il s'agit du bonheur : ce n'est pas à nous de rien négliger. Ecoutons donc la philosophie, qui prêche dans le désert une petite troupe d'auditeurs qu'elle a choisis, parce qu'ils savaient déjà une bonne partie de ce qu'elle peut leur apprendre.

Afin que le sentiment du bonheur puisse entrer dans l'âme, ou du moins afin qu'il puisse y séjourner, il faut avoir nettoyé la place et chassé tous les maux imaginaires. Nous sommes d'une habileté infinie à en créer; et quand nous les avons une fois produits, il nous est très difficile de nous en défaire. Souvent même il semble que nous aimions notre malheureux ouvrage, et que nous nous y complaisions. Les maux imaginaires ne sont pas tous ceux qui n'ont rien de corporel, et ne sont que dans l'esprit; mais seulement ceux qui tirent leur origine de quelque façon de penser fausse ou du moins problématique. Ce n'est pas un mal imaginaire que le déshonneur; mais c'en est un que la douleur de laisser de grands biens après sa mort, à des héritiers en ligne collatérale, et non pas en ligne directe, ou à des filles et non pas à des fils. Il y a tel homme dont la vie est empoisonnée par un semblable chagrin. Le bonheur n'habite pas dans les têtes de cette trempe; il lui en faut ou qui soient naturellement plus saines ou qui aient eu le courage de se guérir. Si l'on est susceptible des maux imaginaires, il y en a tant, qu'on sera nécessairement la proie de quelqu'un. La principale force de ces sortes de monstres consiste en ce qu'on s'y soumet, sans oser ni les attaquer, ni même les envisager : si on les considérait quelque temps d'un œil fixe, ils seraient à demi vaincus.

Assez souvent aux maux réels nous ajoutons des circonstances imaginaires qui les aggravent.

Qu'un malheur ait quelque chose de singulier, non-seulement ce qu'il a de réel nous afflige, mais sa singularité nous irrite et nous aigrit. Nous nous représentons une fortune, un destin, je ne sais quoi, qui met de l'art et de l'esprit à nous faire un malheur d'une nature particulière. Mais qu'est-ce tout cela? Employer un peu notre raison, et ces fantômes disparaissent. Un malheur commun n'en est pas réellement moindre; un malheur singulier n'en est pas moins possible, ni moins inévitable. Un homme qui a la peste, lui cent millième, est-il moins à plaindre que celui qui a une maladie bizarre et inconnue?

Il est vrai que les malheurs communs sont prévus; et cela seul nous adoucit l'idée de la mort, le plus grand de tous les maux. Mais qui nous empêche de prévoir en général ce que nous appelons les maux singuliers? On ne peut pas prédire les comètes comme les éclipses; mais on est bien sûr que de temps en temps il doit paraître des comètes, et il n'en faut pas davantage pour n'en être pas

effrayé. Les malheurs singuliers sont rares ;
cependant il faut s'attendre à en essuyer quelqu'un : il n'y a presque personne qui n'ait eu
le sien ; et si on voulait, on leur contesterait,
avec assez de raison, la qualité de singulier.

Une circonstance imaginaire qu'il nous plaît
d'ajouter à nos afflictions, c'est de croire que
nous serons inconsolables. Ce n'est pas que
cette persuasion-là même ne soit quelquefois
une espèce de douleur et de consolation ; elle
en est une dans les douleurs dont on peut
tirer gloire, comme dans celle que l'on res-
sent de la perte d'un ami. Alors se croire
inconsolable, c'est se rendre témoignage que
l'on est tendre, fidèle, constant ; c'est se donner de grandes louanges. Mais dans les maux
où la vanité ne soutient point l'affliction, et
où une douleur éternelle ne serait d'aucun
mérite, gardons-nous bien de croire qu'elle
doive être éternelle. Nous ne sommes pas assez parfaits pour être toujours affligés ; notre
nature est trop variable, et cette imperfec-
tion est une de nos plus grandes ressources.

Ainsi, avant que les maux arrivent, il faut
les prévoir, du moins en général ; quand ils
sont arrivés, il faut prévoir que l'on s'en
consolera. L'un rompt la première violence
du coup, l'autre abrége la durée du sentiment : on s'est attendu à ce que l'on souffre ;
et du moins on s'épargne par là une impatience, une révolte secrète qui ne sert qu'à

aigrir la douleur : on s'attend à ne pas souffrir longtemps; et dès lors on anticipe en quelque sorte sur ce temps qui sera plus heureux, on l'avance.

Les circonstances même réelles de nos maux, nous prenons plaisir à nous les faire valoir à nous-mêmes, à nous les étaler, comme si nous demandions raison à quelque juge d'un sort qui nous eût été fait. Nous augmentons le mal en y appuyant trop notre vue et en recherchant avec soin tout ce qui peut le grossir.

On a pour les violentes douleurs je ne sais quelle complaisance qui s'oppose aux remèdes et repousse la consolation. Le consolateur le plus tendre paraît un indifférent qui déplaît. Nous voudrions que tout ce qui nous approche prît le sentiment qui nous possède, et n'en être pas plein comme nous, c'est nous faire une espèce d'offense; surtout ceux qui ont l'audace de combattre les motifs de notre affliction, sont nos ennemis déclarés. Ne devrions-nous pas, au contraire, être ravis que l'on nous fit soupçonner de fausseté et d'erreur des façons de penser qui nous causent tant de tourments?

Enfin, quoiqu'il soit fort étrange de l'avancer, il est vrai cependant que nous avons un certain amour pour la douleur, et que dans quelques caractères il est invincible. Le premier pas vers le bonheur serait de s'en défaire, et de retrancher de notre imagination tous les talents malfaisants, ou du moins de la tenir pour fort suspecte. Ceux qui ne peuvent douter qu'ils n'aient toujours une vue saine de tous, sont incurables; il est bien juste qu'une moindre opinion de soi-même ait quelquefois sa récompense.

N'y aurait-il pas moyen de tirer des choses plus de bien que de mal, et de disposer son imagination de sorte qu'elle séparât les plaisirs d'avec les chagrins, et ne laissât passer que les plaisirs ? Cette proposition ne le cède guère en difficulté à la pierre philosophale ; et si on peut l'exécuter, ce n'est peut-être qu'avec le plus heureux naturel du monde et tout l'art de la philosophie. Songeons que la plupart des choses sont d'une nature très douteuse, et que, quoiqu'elles nous frappent bien vite comme biens et comme maux, nous ne savons pas trop au vrai ce qu'elles sont. Tel événement nous a paru d'abord un grand malheur, que vous eussiez été bien fâché dans la suite qu'il ne fût pas arrivé ; et si vous aviez connu ce qu'il amenait après lui, il vous aurait transporté de joie. Et sur ce pied-là, quel regret ne devez-vous pas avoir à votre chagrin ? Il ne faut donc pas se presser de s'affliger : attendons que ce qui nous paraît si mauvais se développe. Mais, d'un autre côté, ce qui nous paraît agréable peut amener aussi, peut cacher quelque chose de mauvais, et il ne faut pas se presser de se réjouir.

Ce n'est pas une conséquence ; on ne doit pas tenir la même rigueur à la joie qu'au chagrin.

Un grand obstacle au bonheur, c'est de s'attendre à un trop grand bonheur. Figurons-nous qu'avant de nous faire naître on nous montre le séjour qui nous est préparé, et ce nombre infini de maux qui doivent se distribuer entre ses habitants : de quelle frayeur ne serions-nous pas saisis à la vue de ce terrible partage où nous devrions entrer ? et ne compterions-nous pas pour un bonheur prodigieux d'en être quittes à aussi bon marché qu'on l'est dans ces conditions médiocres qui nous paraissent insupportables ? Les esclaves, ceux qui n'ont pas de quoi vivre, ceux qui ne vivent qu'à la sueur de leur front, ceux qui languissent dans des maladies habituelles ; voilà une grande partie du genre humain. A quoi a-t-il tenu que nous n'en fussions ? Apprenons combien il est dangereux d'être homme, et comptons tous les malheurs dont nous sommes exempts comme autant de périls dont nous sommes échappés.

Une infinité de choses que nous avons et que nous ne sentons pas, feraient chacune le suprême bonheur de quelqu'un ; il y a tel homme dont tous les désirs se termineraient à avoir deux bras. On ne saurait être transporté de se trouver deux bras ; mais en faisant souvent réflexion sur le grand nombre de maux qui pourraient nous arriver, on par-

donne plus aisément à ceux qui arrivent.
Notre condition est meilleure quand nous
nous y soumettons de bonne grâce que quand
nous nous révoltons inutilement contre
elle.

Nous regardons ordinairement les biens que
nous font la nature ou la fortune comme des
dettes qu'elles nous payent, et par conséquent
nous les recevons avec une espèce d'indiffé-
rence. Les maux, au contraire, nous paraissent des injustices, et nous les recevons avec
aigreur et impatience. Il faudrait rectifier ces
idées fausses. Les maux sont très communs,
et c'est ce qui doit naturellement nous échoir.
Les biens sont très rares, et ce sont des exceptions flatteuses faites en notre faveur à la
règle générale.

Le bonheur est en effet bien plus rare que
l'on ne pense. Je compte pour heureux celui
qui possède un certain bien que je désire, et
qui ferait, je crois, ma félicité; le possesseur
de ce bien-là est malheureux; ma condition
est gâtée par la privation de ce qu'il a, la
sienne l'est par d'autres privations. Chacun
brille d'un faux éclat aux yeux de quelque
autre, chacun est envié pendant qu'il est lui-
même envieux; et si l'être heureux était un
vice ou un ridicule, les hommes ne se le ren-
verraient pas mieux les uns aux autres. Désa-
busons-nous de cette illusion, qui nous peint
beaucoup plus d'heureux qu'il n'y en a; et

nous serons ou flattés d'être du nombre ou irrités de n'en être pas.

Puisqu'il y a si peu de biens, il ne faut pas négliger ceux qui tombent dans notre partage. Cependant, on en use comme dans une grande abondance et dans une grande sûreté d'en avoir tant qu'on voudra : on ne daigne pas s'arrêter à goûter ceux que l'on possède ; souvent on les abandonne pour courir après ce que l'on n'a pas. Nous tenons le présent dans nos mains ; mais l'avenir est une espèce de charlatan qui, en nous éblouissant les yeux, nous l'escamote. Pourquoi lui permettre de se jouer ainsi de nous ? Pourquoi souffrir que des espérances vaines et douteuses nous enlèvent des jouissances certaines ? Il est vrai qu'il y a beaucoup de gens pour qui ces espérances mêmes sont des jouissances, et qui ne savent jouir de ce qu'ils n'ont pas. Laissons-leur cette espèce de possession si imparfaite, si peu tranquille, si peu agitée, puisqu'ils n'en peuvent avoir d'autre ; il serait trop cruel de la leur ôter : mais tâchons, s'il est possible, de nous ramener au présent, à ce que nous avons ; et qu'un bien ne perde pas tout son prix, parce qu'il nous a été accordé.

Si le sentiment des biens médiocres est étouffé en nous par l'idée de quelques biens plus grands auxquels on aspire, que l'idée des grands malheurs où l'on n'est pas tombé nous console des petits.

Les petits biens que nous négligeons, que savons-nous si ce ne seront pas les seuls qui s'offrent à nous? Ce sont des présents faits par une puissance avare, qui ne se résoudra peut-être plus à nous en faire. Il y a peu de gens qui, quelquefois dans leur vie, n'aient eu regret à quelque état, à quelque situation dont ils n'avaient pas assez goûté le bonheur. Il y en a peu qui n'aient trouvé injustes quelques-unes des plaintes qu'ils avaient faites de la fortune. On a été ingrat, et on est puni.

Il faut examiner, pour ainsi dire, les titres à notre bonheur; peu de choses soutiendront cet examen, pour peu qu'il soit rigoureux. Pourquoi cette dignité que je poursuis m'est-elle si nécessaire? C'est qu'il faut être élevé au-dessus des autres. Et pourquoi le faut-il? c'est pour recevoir leurs respects et leurs hommages. Et que me feront ces hommages et ces respects? ils me flatteront très sensiblement. Et comment me flatteront-ils, puisque je ne les devrai qu'à ma dignité, et non pas à moi-même? Il en est ainsi de plusieurs autres idées qui ont pris une place fort importante dans mon esprit; si je les attaquais, elles ne tiendraient pas longtemps. Il est vrai qu'il y en a qui feraient plus de résistance les unes que les autres; mais selon qu'elles seraient plus incommodes et plus dangereuses, il faut revenir à la charge plus souvent et avec plus de courage. Il n'y a guère de fan-

taisie que l'on ne mine peu à peu, et que l'on
ne fasse enfin tomber à force de réflexions.

Mais comme nous ne pouvons pas rompre
avec tout ce qui nous environne, quels seront
les objets extérieurs auxquels nous laisserons
des droits sur nous ? ceux dont il y aura plus
à espérer qu'à craindre. Il n'est question que
de calculer, et la sagesse doit toujours avoir
des jetons à la main. Combien valent ces plai-
sirs-là, et combien valent les peines dont il
faudrait les acheter, ou qui les suivraient? On
ne saurait disconvenir que, selon les différentes imaginations, les prix ne changent, et
qu'un même marché ne soit bon pour l'un et
mauvais pour l'autre. Cependant, il y a à peu
près un prix commun pour les choses principales; et, de l'aveu de tout le monde, par
exemple, l'amour est un peu cher : aussi, ne
se laisse-t-il pas évaluer.

Pour le plus sûr, il faut en revenir aux
plaisirs simples, tels que la tranquillité de la
vie, la société, la chasse, la lecture, etc. S'ils
ne coûtaient moins que les autres, qu'à pro-
portion de ce qu'ils sont moins vifs, ils ne mé-
riteraient pas de leur être préférés, et les autres vaudraient autant leur prix que ceux-ci le
leur; mais les plaisirs simples sont toujours des
plaisirs, et ils ne coûtent rien, et la fortune
ne peut guère nous les enlever. Quoiqu'il ne
soit pas raisonnable d'attacher notre bonheur
à tout ce qui est le plus exposé aux caprices

du hasard, il semble que le plus souvent nous choisissons avec soin les endroits les moins sûrs pour l'y placer. Nous aimons mieux avoir tout notre bien sur un vaisseau qu'en fonds de terre. Enfin, les plaisirs vifs n'ont que des instants, et des instants souvent funestes par un excès de vivacité qui ne laisse rien goûter après eux; au lieu que les plaisirs simples sont ordinairement de la durée que l'on veut; et ne gâtent rien de ce qui les suit.

Les gens accoutumés aux mouvements violents des passions, trouveront sans doute fort insipide tout le bonheur que peuvent produire les plaisirs simples. Ce qu'ils appellent insipidité, je l'appelle tranquillité, et je conviens que la vie la plus comblée de ces sortes de plaisirs n'est guère qu'une vie tranquille.

Mais quelle idée a-t-on de la condition humaine, quand on se plaint de n'être que tranquille? et l'état le plus délicieux que l'on puisse imaginer, que devient-il, après que la première vivacité du sentiment est consumée? Il devient un état tranquille : c'est même le mieux qui puisse lui arriver.

Il n'y a personne qui, dans le cours de sa vie, n'ait quelques événements heureux, des temps et des moments agréables. Notre imagination les détache de tout ce qui les a précédés ou suivis; elle les rassemble, et se représente une vie qui en serait toute composée. Voilà ce qu'elle appellerait du nom de bonheur, voilà à quoi elle aspire, peut-être sans oser trop se l'avouer.

Souvent le bonheur dont on se fait l'idée est trop compliqué. Combien de choses, par exemple, seraient nécessaires pour celui d'un courtisan? Du crédit auprès des ministres, la faveur d'un roi, des établissements considérables pour lui et ses enfants, de la fortune au jeu, des maîtresses fidèles et qui flattassent sa vanité; enfin, tout ce que peut lui représenter une imagination effrénée et insatiable. Cet homme-là ne pourrait être heureux qu'à trop grands frais; certainement la nature n'en fera pas la dépense.

Si l'on est à peu près bien, il faut se croire tout à fait bien. Souvent on gâterait tout pour attraper ce bien complet. Rien n'est si délicat ni si fragile qu'un état heureux; il faut craindre d'y toucher, même sous prétexte d'amélioration.

La plupart des changements qu'un homme fait à son état pour le rendre meilleur, augmentent la place qu'il tient dans le monde, son volume pour ainsi dire; mais ce volume donne plus de prise aux coups de la fortune. Un soldat qui va à la tranchée voudrait-il devenir un géant pour attraper plus de coups de mousquet? Celui qui veut être heureux, se réduit et se resserre autant qu'il est possible. Il a ces deux caractères, il change peu de place et en ··· ·t peu.

Le plus grand secret du bonheur, c'est d'être bien avec soi. Naturellement, tous les accidents fâcheux qui viennent du dehors nous rejettent vers nous-mêmes, et il est bon d'y avoir une retraite agréable. Mais elle ne peut l'être si elle n'a été préparée par les mains de la vertu. Toute l'indulgence de l'amour-propre n'empêche point qu'on ne se reproche du moins une partie de ce qu'on a à se reprocher; et combien est-on encore troublé par le soin humiliant de se cacher aux autres par la crainte d'être connu, par le chagrin inévitable de l'être: on le fuit et avec raison. Il n'y a que le vertueux qui puisse se voir et se reconnaître.

Il peut fort bien arriver que la vertu ne conduise ni à la richesse ni à l'élévation, et qu'au contraire elle en exclue: ses ennemis ont de grands avantages sur elle par rapport à l'acquisition de ces sortes de biens. Il peut arriver encore que la gloire, sa récompense la plus naturelle, lui manque; mais une récompense infaillible pour elle, c'est la satisfaction intérieure. Chaque devoir rempli en est payé dans le moment; et on trouve dans sa propre raison et dans sa droiture un plus grand fonds de bonheur que les autres n'en attendent des caprices du hasard.

Il reste un souhait à faire sur une chose dont on n'est pas le maître, c'est d'être placé

dans une condition médiocre; sans cela le
bonheur et la vertu seraient trop en péril.
C'est là cette médiocrité si recommandée par
les philosophes, si chantée par les poëtes, et
quelquefois si peu recherchée par eux tous.

Je conviens qu'il manque à ce bonheur une
chose qui, selon les façons de penser communes, y serait cependant bien nécessaire, Il
n'a nul éclat. L'heureux que nous supposons
ne passerait guère pour l'être; il n'aurait pas
le plaisir d'être envié ; il y a plus : peut-être
lui-même aurait-il de la peine à se croire heureux, faute de l'être cru par les autres; car
leur jalousie sert à nous faire assurer de notre état, tant nos idées sont chancelantes sur
tout et ont besoin d'être appuyées. Mais enfin,
pour que cet heureux se compare à ceux que
le vulgaire croit plus heureux que lui, il sent
facilement les avantages de sa situation; il se
résoudra volontiers à jouir d'un bonheur modeste et ignoré, dont l'étalage n'insultera personne; ses plaisirs, comme ceux des amants
discrets, seront assaisonnés du mystère.

Après tout cela, ce sage, ce vertueux, cet
heureux est toujours un homme; il n'est point
arrivé à un état inébranlable que la raison
humaine ne comporte point; il peut tout perdre, et même par sa faute. Il conservera d'autant mieux sa sagesse ou sa vertu qu'il s'y
fiera moins, et son bonheur, qu'il s'en assu-
rera moins.

TABLE DES MATIÈRES

————

————

Paris. — Imprimerie Nouvelle (association ouvrière), 11, rue Cadet. A. Mangeot, directeur. — 676-93

www.ingramcontent.com/pod-product-compliance
Lightning Source LLC
Chambersburg PA
CBHW060545210326
41519CB00014B/3352